[illegible]ARITHMÉTIQUE

THÉORIQUE ET PRATIQUE

Conforme aux programmes des cours moyen & supérieur
[illegible]e l'organisation pédagogique des écoles publiques de la Seine

CONTENANT TOUTES LES

[illegible]PÉRATIONS ORDINAIRES DU CALCUL

[illegible] FRACTIONS ORDINAIRES, LES PROPORTIONS, LES RÈGLES DE TROIS, D'INTÉRÊT
D'ESCOMPTE, DE CHANGE, DE SOCIÉTÉ, DE MÉLANGE ET D'ALLIAGE

Les questions relatives aux rentes sur l'État

LE SYSTÈME MÉTRIQUE

[illegible] de Questionnaires et d'un grand nombre de Problèmes

PAR M. TAGNARD

Officier de la Légion d'honneur
Officier d'Académie, Commandeur de l'ordre du Christ de Portugal
et Officier de l'ordre de Léopold de Belgique, etc.

ET

PAR M. G. DAUPHIN

[illegible] comptable de l'École supérieure municipale Lavoisier

Ouvrage adopté pour les Écoles communales de la ville de Paris

---

Dix-Huitième Édition

REVUE, CORRIGÉE ET ENTIÈREMENT REMANIÉE

PARIS

LIBRAIRIE HACHETTE ET Cie

79, BOULEVARD SAINT-GERMAIN, 79

1878

TRAITÉ

D'ARITHMÉTIQUE

THÉORIQUE ET PRATIQUE

TRAITÉ
D'ARITHMÉTIQUE

THÉORIQUE ET PRATIQUE

Conforme aux programmes des cours moyen & supérieur
de l'organisation pédagogique des écoles publiques de la Seine

CONTENANT TOUTES LES

OPÉRATIONS ORDINAIRES DU CALCUL

LES FRACTIONS ORDINAIRES, LES PROPORTIONS, LES RÈGLES DE TROIS, D'INTÉRÊT
D'ESCOMPTE DE CHANGE, DE SOCIÉTÉ, DE MÉLANGE ET D'ALLIAGE

Les questions relatives aux rentes sur l'État

LE SYSTÈME MÉTRIQUE

Enrichi de Questionnaires et d'un grand nombre de Problèmes

PAR M. TAGNARD

Officier de la Légion d'honneur
Officier d'Académie, Commandeur de l'ordre du Christ de Portugal
et Officier de l'ordre de Léopold de Belgique, etc.

ET

PAR M. G. DAUPHIN

Agent comptable de l'École supérieure municipale Lavoisier

Ouvrage adopté pour les Écoles communales de la ville de Paris

---

Dix-Huitième Édition

REVUE, CORRIGÉE ET ENTIÈREMENT REMANIÉE

PARIS

LIBRAIRIE HACHETTE ET Cie

79, BOULEVARD SAINT-GERMAIN, 79

1878

NOTE

SUR CETTE ÉDITION

Un livre appartient au public, qui juge en dernier ressort de son mérite et de son utilité et en peut seul assurer le succès par son suffrage.

Le succès ne nous a pas fait défaut : nous avons déjà obtenu la plus douce récompense de notre travail; que le public reçoive à son tour le témoignage de notre reconnaissance. Mais l'accueil qu'il nous a accordé nous impose de nouvelles obligations, et en premier lieu celle de rester digne de sa faveur en nous tenant au niveau des progrès qui s'accomplissent chaque jour. Depuis deux ans à peine, l'enseignement primaire a subi de nombreux remaniements dans le but de le perfectionner. Une organisation nouvelle et longuement méditée a été donnée aux écoles publiques de la Seine. Cette organisation a pour base des programmes méthodiques dont l'influence a déjà produit d'heureux résultats, il fallait absolument mettre notre œuvre en harmonie avec ces programmes. Nous n'avons pas hésité à remanier tout l'ouvrage dans ce but. Tel que nous l'offrons au public il est entièrement conforme aux programmes que nous donnons ci-après, des cours moyens et supérieurs des écoles primaires de la Seine. Enfin nous avons revu toutes les parties de notre traité pour y introduire les modifications conseillées par l'expérience ou exigées par des faits récents, notamment en ce qui concerne les mesures et monnaies, et les rentes sur l'Etat.

Nous osons espérer que nous obtiendrons encore la bienveillance qui a accueilli dès le début notre travail, et qui n'a pas cessé de s'y attacher dans quinze éditions successives.

PRÉFACE

DE LA PREMIÈRE ÉDITION

Il y a déjà longtemps que des hommes de talent ont porté la science de l'arithmétique jusqu'à ses dernières limites; il paraît très-difficile aujourd'hui de l'enrichir de quelque démonstration nouvelle, de quelque théorie inconnue. Aussi n'avons-nous pas cette prétention en offrant au public ce traité élémentaire. Mais nous savons que, sous un autre rapport, il nous est permis d'appliquer à l'arithmétique ces deux vers de La Fontaine :

> Et ce champ ne se peut tellement moissonner,
> Qu'on n'y trouve toujours quelque chose à glaner.

En effet, le plan général d'un ouvrage, l'ordre et la distribution des matières, la méthode, les procédés à l'aide desquels on cherche à initier de jeunes intelligences, soit aux abstractions, soit aux applications du calcul, le but de l'enseignement, voilà des éléments qui, par leur nature, sont nécessairement variables, et l'esprit de l'homme peut toujours les travailler de nouveau avec plus ou moins de succès.

Dans ce travail, une pensée nous a constamment guidé, la pensée d'être utile avant tout ; et nous avons cru que nous ne pouvions atteindre ce but qu'à la condition de viser à la pratique. C'est pourquoi nous avons développé avec soin, avec étendue, le système métrique et le calcul décimal. Ce sont en effet là les bases de l'*arithmétique moderne*, surtout depuis que notre législation a prohibé les unités anciennes. Le calcul des nombres décimaux suit immédiatement celui des nombres entiers : on en conçoit sans peine le motif; dès le début, l'élève acquiert les notions dont il a besoin pour résoudre les questions usuelles. Cet ordre, du reste, ne nous appartient pas, le génie de Newton l'avait indiqué, et c'est à Bezout que revient l'honneur de l'avoir réalisé le premier en France.

C'est encore pour atteindre notre but que nous avons enrichi notre traité d'un assez grand nombre de problèmes presque tous puisés dans les faits journaliers qu'enfante le mouvement des affaires; nous savons par expérience que l'enfant, que le jeune homme le plus exercé dans les abstractions du calcul hésite et parfois se trompe en présence des données matérielles d'un problème. Souvent, dans nos exemples, nous avons opéré sur des nombres concrets pour obtenir le résultat que nous nous proposions, et dans cette vue nous avons peut-être dépassé les bornes étroites d'un ouvrage élémentaire, en donnant sur une trop vaste échelle les règles d'Intérêt, d'Escompte, de Change, de Société, de Mélange et d'Alliage.

Quant à la méthode, nous avons choisi la synthèse : tout d'abord se présente la définition, puis vient la règle, c'est-à-dire l'explication du procédé qu'il faut suivre en opérant, enfin l'exemple, accompagné de la démonstration, termine. Cette marche, si elle n'est pas la plus logique, nous paraît du moins la plus fructueuse pour les personnes auxquelles nous destinons cet ouvrage : sans doute l'esprit humain, dans la recherche de la vérité, s'élève des idées particulières aux idées générales; mais une intelligence jeune, et par conséquent enveloppée de ténèbres et de faiblesse, n'a pas assez de force pour réunir en faisceau des éléments épars et en faire sortir la règle au moyen de la généralisation. Il est donc nécessaire de lui imposer le principe d'autorité. Eclairé par le principe, l'élève saisit d'avance le mécanisme et le but de l'opération ; puis la démonstration arrive, qui précise les idées et grave à jamais dans son esprit le sens et la raison de ce qu'il vient de faire. Sous ce dernier rapport, du reste (nous parlons de la démonstration), si nous pouvons encourir un reproche, c'est, à coup sûr, d'avoir été trop abondant et trop complet; mais il fallait avant tout initier l'élève à l'intelligence de l'opération. Une fois bien comprise, elle ne s'oublie plus.

Nos questionnaires nous paraissent d'un puissant secours pour obtenir ce résultat. C'est là une idée nouvelle, et, si notre amour-propre d'auteur ne nous abuse pas, une amélioration utile. Il est vrai qu'il existe déjà des traités d'Arithmétique suivis de questionnaires, mais ces questionnaires ou ne portent pas de numéros de renvoi, ou ne coïncident pas avec une réponse précise, puisée dans l'alinéa même auquel le lecteur doit revenir. Nos questionnaires offrent ce double avantage.

Telle est la pensée qui nous a dirigé dans notre travail, telle est la marche que nous avons suivie. Nous avons eu surtout à cœur l'utilité de la jeunesse et son instruction ; si elle retire quelque fruit de notre traité, nous aurons obtenu notre plus belle récompense.

EXTRAIT DES PROGRAMMES

DE

L'ORGANISATION PÉDAGOGIQUE

DES

ÉCOLES PUBLIQUES DE LA SEINE

ARITHMÉTIQUE ET SYSTÈME MÉTRIQUE.

COURS MOYEN.

Note préliminaire. — Comme dans le cours élémentaire, le maître s'efforcera de rendre son enseignement aussi démonstratif que possible en s'aidant d'objets sensibles. Les opérations auront lieu sur des nombres concrets, et les problèmes seront exclusivement empruntés aux circonstances de la vie réelle, aux faits de l'économie domestique, rurale ou industrielle. Les applications du système métrique auront trait surtout à la mesure des surfaces et des volumes ; elles auront pour objet des exercices de toisé et de cubage, et quelques opérations très-simples d'arpentage.

ARITHMÉTIQUE.

Octobre.

NUMÉRATION DES NOMBRES ENTIERS ET DES NOMBRES DÉCIMAUX. — Explication du principe que la valeur d'un nombre décimal ne change pas quand on écrit ou qu'on supprime des zéros à sa droite. — Rendre un nombre entier ou un nombre décimal 10, 100, 1000 fois plus grand ou plus petit.

ADDITION ET SOUSTRACTION DES NOMBRES ENTIERS ET DÉCIMAUX. — Règles pratiques et applications. — Problèmes.

Novembre.

MULTIPLICATION DES NOMBRES ENTIERS ET DES NOMBRES DÉCIMAUX. — Définition de la multiplication, quand le multiplicateur est décimal. — Règle pratique. — Exercices d'application. — Problèmes.

Décembre.

DIVISION DES NOMBRES ENTIERS ET DES NOMBRES DÉCIMAUX. — Différence des cas, suivant que le diviseur est entier ou décimal. — Règle pratique pour le premier cas. — Le second cas se ramène au premier. — Trouver le quotient de deux nombres entiers ou décimaux à moins de 0,1 près, à moins de 0,01 près, etc. — Exercices d'application. — Problèmes.

Janvier.

Révision des principes relatifs à la numération et aux quatre opérations fondamentales. — Problèmes sur les quatre opérations.

Février.

Caractères de divisibilité par 2, 3, 5, 6 et 9. — Applications : simplification des calculs; preuve par 9 de la multiplication et de la division. — Exercices. — Problèmes sur les quatre opérations.

Mars.

FRACTIONS ORDINAIRES. — Simplification des fractions. — Réduction de deux ou de plusieurs fractions au même dénominateur. — Addition et soustraction. — Règles pratiques. — Exercices d'application.

Avril.

Multiplication et division des fractions ordinaires.— Règles pratiques. — Exercices d'application. — Problèmes.

Conversion des fractions ordinaires en fractions décimales. — Règle pratique.

Mai.

Règles de trois et d'intérêt simple. — Exercices d'application.

Juin.

Règles d'escompte et de société.

Juillet et Août.

Révision générale. — Exercices et problèmes d'application.

SYSTÈME MÉTRIQUE.

Octobre.

Notions générales. — *Le système métrique est décimal ;* avantages qui en résultent. — Ce qu'on entend par mesurer. — Diverses espèces de mesures; leur emploi. — Définitions des unités de mesure ; leur rapport avec le mètre.

Multiples et sous-multiples décimaux des unités métriques : comment on les exprime et ce qu'ils sont par rapport à l'unité. — Mesures effectives : unités, multiples et sous-multiples, doubles et moitiés de ces mesures.

Novembre.

Mesures de longueur. — Le *mètre;* ses multiples et ses sous-multiples.— Une longueur étant exprimée en mètres, en décimètres, en centimètres, etc., la rapporter à une autre unité de longueur. — Valeur en mètres d'un degré du méridien, de la lieue de poste et de la lieue commune ou de 25 au degré. — Problèmes d'application.

Décembre.

MESURES DE SUPERFICIE. — Définition du carré. — Le *mètre carré;* ses multiples et ses sous-multiples. — L'*are;* son multiple et son sous-multiple. — Rapports entre les mesures de superficie proprement dites et les mesures agraires. — Une surface étant exprimée au moyen d'une unité superficielle, la rapporter à une autre unité.

Janvier.

MESURES DE VOLUME. — Définition du cube. — Le *mètre cube;* ses sous-multiples. Le *stère*, décastère et décistère. — Rapports entre le mètre cube et ses sous-multiples. — Rapports entre les mesures de volume proprement dites et les mesures pour les bois de chauffage et de construction.

Février.

MESURES DE CAPACITÉ. — Le *litre;* ses multiples et ses sous-multiples.— Mesures effectives et mesures fictives. — Problèmes d'application. — Rapports entre les mesures de capacité et les mesures de volume.

Mars.

MESURES DE POIDS. — Le *gramme;* ses multiples et ses sous-multiples.. — Mesures effectives et mesures fictives. — Quintal et tonne métriques. — Problèmes d'application. — Correspondance entre les mesures de poids et les mesures de volume et de capacité; poids d'un litre d'eau, d'un mètre cube d'eau, etc.

Avril.

MONNAIES. — Le *franc* et ses sous-multiples. — Pièces de monnaie effectives. — Poids des pièces d'or, d'argent et de bronze. — Valeur relative des monnaies d'or, d'argent et de bronze, à *poids égal;* poids relatif de ces monnaies, à valeur égale.

Valeur du kilogramme d'argent pur et du kilogramme d'argent monnayé; du kilogramme d'or pur et du kilogramme d'or monnayé.

Titre des alliages d'or ou d'argent. — Connaissant le poids et le titre d'une pièce d'or ou d'argent, en trouver la valeur.

Mai.

NOTIONS SUR LA MESURE DU TEMPS. — *Jour, heure, minute, seconde.* — Convertir en secondes un nombre composé de jours, d'heures, de minutes et de secondes; réciproquement, un nombre de secondes étant donné, trouver combien il contient de minutes, d'heures et de jours.

Juin.

Définition du triangle, du parallélogramme, du trapèze et du cercle. — Règle pratique de la mesure de ces surfaces.

Juillet et Août.

RÉVISION GÉNÉRALE. — Exercices et problèmes.

COURS SUPÉRIEUR

ARITHMÉTIQUE.

ETUDE RAISONNÉE DE L'ARITHMÉTIQUE : NOMBRES ENTIERS ET NOMBRES DÉCIMAUX; FRACTIONS ORDINAIRES; APPLICATIONS AUX OPÉRATIONS PRATIQUES.

Octobre.

Théorie très-élémentaire de la NUMÉRATION.

Novembre.

NOMBRES ENTIERS : Explication raisonnée des quatre opérations fondamentales sur les nombres entiers.

Décembre.

Divisibilité des nombres. — Caractères de divisibilité par 2, 3, 5, 6, 9. — Preuves par 9 de la multiplication et de la division.

Janvier.

Nombres premiers. — Recherche du plus grand commun diviseur de deux nombres. — Décomposition d'un nombre en facteurs premiers. — Recherche du plus petit multiple et du plus grand commun diviseur de plusieurs nombres.

Février.

Fractions ordinaires. — Fraction proprement dite, expression fractionnaire. — Principes sur les fractions. — Simplification des fractions. — Réduction des fractions au même dénominateur.

Mars.

Opérations sur les fractions ordinaires. — Addition et soustraction. — Multiplication. — Division.

Avril.

Nombres décimaux. — Explication raisonnée des règles du calcul des nombres décimaux. — Analogie des nombres décimaux : d'une part avec les fractions ordinaires, d'autre part avec les nombres entiers.

Conversion des fractions ordinaires en décimales et réciproquement.

Mai.

Carré et cube d'un nombre. — Règle pratique pour l'extraction de la *racine carrée* et de la *racine cubique*. (Indication très-élémentaire en vue des applications du système métrique.)

Ce qu'on appelle *rapport* de deux nombres : *Proportion.*

Notions générales sur les grandeurs qui varient dans le même rapport et dans un rapport inverse.

Juin.

APPLICATIONS AUX OPÉRATIONS PRATIQUES. — Problèmes anciennement connus sous le nom de *règles de trois*, *d'intérêt* et *d'escompte*. — Méthode de réduction à l'unité.

Exercices empruntés à des questions usuelles, telles que les *rentes sur l'Etat*, les *actions* et les *obligations industrielles*, les *caisses d'épargne*, la *répartition des impôts*, etc. — Problèmes de *société*, de *mélange* et d'*alliage*.

Juillet et Août.

Révision générale. — Problèmes divers.

NOTA. — Les exercices et problèmes d'application, bien gradués, doivent accompagner chaque leçon.

SYSTÈME MÉTRIQUE.

APPLICATION DU SYSTÈME MÉTRIQUE A LA MESURE DES SURFACES ET DES VOLUMES.

NOTA. — Le développement de cette partie du programme du cours supérieur constitue en grande partie un petit cours de géométrie pratique qui ne saurait entrer dans un traité d'arithmétique, et doit faire l'objet d'un petit ouvrage spécial.

ARITHMÉTIQUE

NOTIONS PRÉLIMINAIRES

ET DÉFINITIONS

1. *On appelle* GRANDEUR *ou* QUANTITÉ *tout ce qui peut être augmenté ou diminué.* Ainsi, la distance qui sépare deux lieux, l'étendue d'un champ, le volume ou le poids d'un corps, sont des quantités.

2. *Mesurer une quantité, c'est la comparer à une autre quantité, de même nature, plus petite ou plus grande.*

3. La quantité qui sert de terme de comparaison reçoit le nom d'UNITÉ.

4. *Ainsi, l'unité est une quantité déterminée à laquelle on compare toutes celles de la même espèce qu'on veut mesurer.*

5. *On entend par* NOMBRE *le résultat de la comparaison d'une grandeur à son unité, c'est-à-dire qu'un nombre exprime combien une grandeur contient d'unités et de parties égales de l'unité.*

6. *Un* NOMBRE ENTIER *est un nombre formé d'une ou de plusieurs unités : un franc, deux francs, trois francs,... mille francs; un mètre, deux mètres trois mètres,... mille mètres, sont des nombres entiers.*

7. *Une* FRACTION *est un nombre formé d'une ou de plusieurs parties de l'unité divisée en parties égales :* un demi-franc, trois quarts de mètre, deux tiers de litre, sont des fractions.

8. *Un* NOMBRE FRACTIONNAIRE *est un nombre formé d'un nombre entier et d'une fraction, c'est-à-dire qu'un nombre fractionnaire est un nombre formé d'une ou de plusieurs unités et d'une ou de plusieurs parties égales de l'unité :* deux mètres et demi, quatre heures trois quarts, cinq francs deux tiers, sont des nombres fractionnaires.

9. L'arithmétique est la science des nombres. Elle a pour but d'enseigner à effectuer différentes opérations sur les nombres.

10. Le calcul est la réunion des procédés que l'on emploie pour augmenter, diminuer ou combiner les nombres les uns avec les autres.

Le mot *calcul* vient de l'ancien usage d'employer de petits *cailloux* dans les opérations de l'arithmétique.

11. On nomme nombre *abstrait* celui dont l'espèce d'unité n'est pas désignée : un, quatre, dix, cent, etc.

12. On nomme nombre *concret* celui dont l'espèce d'unité est désignée. Ainsi, huit francs, douze arbres quinze mètres, sont des nombres concrets.

QUESTIONNAIRE.

Qu'appelle-t-on grandeur ou quantité (voir n° 1) ? — Qu'est-ce que mesurer une quantité ? 2. — Quel nom donne-t-on à la quantité qui sert de terme de comparaison ? 3. — Qu'est-ce que l'unité ? 4. — Qu'entend-on par nombre ? 5. — Qu'est-ce qu'un nombre entier ? 6. — Qu'est-ce qu'une fraction ? 7. — Qu'est-ce qu'un nombre fractionnaire ? 8. — Qu'est-ce que l'arithmétique ? 9. — Qu'est-ce que le calcul ? 10. — Qu'est-ce qu'un nombre abstrait, un nombre concret ? 11, 12.

DE LA NUMÉRATION EN GÉNÉRAL.

1. *La numération a pour but de former, d'énoncer et d'écrire les nombres.*

2. De là, deux sortes de numération : la numération parlée et la numération écrite.

3. *La numération parlée a pour objet de former les nombres et de les énoncer à l'aide d'un nombre limité de mots.*

4. *La numération écrite a pour objet de représenter les nombres à l'aide de caractères nommés* CHIFFRES.

DE LA NUMÉRATION DES NOMBRES ENTIERS.

5. On forme les *nombres entiers* en ajoutant d'abord l'unité à elle-même ; puis cette même unité à chaque dernier nombre formé. Comme on peut toujours au dernier nombre formé ajouter encore une fois l'unité, on peut former un nombre indéfini de *nombres.*

6. Pour énoncer les *nombres* avec un petit nombre de mots, on a établi les conventions suivantes : 1° *Chaque fois qu'on aura formé un nombre de dix unités, ce nombre sera considéré lui-même comme une nouvelle espèce d'unité nommée dizaine;* — 2° *On formera des nombres de dizaines comme on a formé des nombres d'unités;* chaque dizaine valant dix unités simples, entre chaque nombre de dizaine (de dix à vingt, par exemple) on devra compter comme on a primitivement compté de un à dix ; on dira, par exemple, *vingt-un, vingt-deux,* etc. ; — 3° *Un nombre de dix dizaines forme une troisième espèce d'unité nommée centaine;* entre chaque centaine on compte comme on a compté de un à cent ; on dira donc *cent un, cent deux,* etc..... *cent dix, cent onze..... cent vingt, cent vingt et un,..... cent trente,* etc. En poursuivant ce procédé on a formé de nouvelles espèces d'unités de dix en dix fois plus fortes, que l'on a nommées *mille, dizaine de mille, centaine de mille, million, dizaine de millions, centaine de millions, billion* ou *milliard,* etc. D'après ce principe *un mille,* par exemple, vaut *dix centaines* ou *cent dizaines* ou *mille unités simples.*

7. Ce système de numération se nomme *décimal,* parce qu'il a pour base *dix,* c'est-à-dire que les espèces d'unités s'y forment de dix en dix.

8. Les noms des unités simples sont : *un*, *deux*, *trois*, *quatre*, *cinq*, *six*, *sept*, *huit*, *neuf*. Les noms des dizaines sont : *dix*, *vingt*, *trente*, *quarante*, *cinquante*, *soixante*, *septante* ou *soixante-dix*, *octante* ou *quatre-vingts*, *nonante* ou *quatre-vingt-dix*. On a nommé les centaines, mille, etc., comme les unités simples, *deux cents*, *trois cents*,... *quatre mille*, *cinq mille*, etc. — *Onze*, *douze*, *treize*, *quatorze*, *quinze*, *seize* sont les formes abrégées de *dix-un*, *dix-deux*, *dix-trois*, etc.

9. Les anciens écrivaient leurs nombres au moyen des lettres de leur alphabet. Les modernes emploient des caractères spéciaux nommés *chiffres arabes* et qui sont : 1 2 3 4 5 6 7 8 9 et 0. Chacun des neuf premiers chiffres a par lui-même une valeur et représente un nombre déterminé d'unités d'une espèce donnée; on les nomme *chiffres significatifs*. Le dixième chiffre, nommé *zéro*, n'a par lui-même aucune valeur; mais on va voir quelle est sa fonction.

10. Pour représenter les divers nombres à l'aide des dix caractères qui précèdent, on a établi les conventions suivantes : 1° *Tout chiffre isolé exprime des unités simples*; — 2° *Quand plusieurs chiffres sont réunis, tout chiffre placé, par rapport au lecteur, à gauche d'un autre chiffre exprime des unités dix fois plus fortes*; 7 exprime sept unités simples, mais 72 exprime sept dizaines et deux unités simples (soixante-douze ou septante-deux); il en résulte que, réciproquement : *tout chiffre placé à droite d'un autre exprime des unités dix fois plus faibles*; — 3° *Le zéro tient la place des chiffres significatifs qu'il n'y a pas lieu d'écrire au rang d'une des espèces d'unités.* Ainsi six unités simples s'écrivent 6 ; mais comment écrire six dizaines, c'est-à-dire *soixante*? Il n'y a pas lieu d'écrire un chiffre d'unités simples, puisqu'il y a juste six fois dix unités simples et pas une seule en excédant; alors on placera six à gauche d'un 0; on écrira 60. S'il s'agit d'écrire le nombre *deux cent trois*, on mettra un 0 à la colonne des dizaines, 203 ; *six mille sept* s'écrira donc 6007, etc. ; — 4° *Tout zéro placé à gauche d'un nombre entier ne change rien à sa valeur* ; — 5° *Tout zéro placé à*

la droite d'un nombre rend ce nombre 10 *fois plus grand.* Soit, en effet, le nombre 368; si on ajoute un zéro à sa droite, on à 3680. Dans ce nouveau nombre, le 0 occupe le rang des unités simples. D'après les conventions qui précèdent, le 8 qui occupe le deuxième rang à partir de la droite, exprime des dizaines; tandis que dans le premier nombre il exprimait des unités simples. Le chiffre 8 a donc pris une valeur 10 fois plus grande. De même le chiffre 6 exprime des centaines, lui qui d'abord représentait des dizaines; il est donc aussi rendu 10 fois plus grand. On fera une remarque analogue sur le chiffre 3. On voit donc que tout le nombre 368 exprime des unités 10 fois plus grandes ou est devenu 10 fois plus grand. En ajoutant deux zéros, on rendra, par analogie, le nombre 100 fois plus grand; en ajoutant trois zéros, 1000 fois plus grand : 36800; 368000, etc. ; — 6° *Lorsqu'un nombre possède* 1, 2, 3 *zéros à sa droite, on le rend* 10, 100, 1000 *fois plus petit, si l'on retranche* 1, 2 *ou* 3 *de ces zéros, et ainsi de suite.* En effet, si on retranche du nombre 275000, 2 zéros on a 2750, nouveau nombre dans lequel chaque chiffre représente des unités 100 fois plus faibles; le nombre est donc 100 fois plus petit que le premier.

11. Les fractions de l'unité (voir page 20, § 7) formées en la divisant en 10, en 100, en 1000, etc., parties égales, se nomment *fractions décimales* et se subdivisent entre elles comme les unités entières des divers ordres. On voit, en effet, que, par exemple, le million vaut 10 centaines de mille ; la centaine de mille vaut 10 dizaines de mille ; la dizaine de mille, 10 mille ; le mille, 10 centaines; la centaine, 10 dizaines; la dizaine, 10 unités simples. De cette ressemblance résulte une grande facilité pour écrire les fractions décimales, si l'on applique les conventions précédentes sur lesquelles repose la numération écrite des nombres entiers.

12. Si l'on marque en le faisant suivre d'une virgule ou d'un point le chiffre des unités simples, le chiffre écrit à droite exprimera des unités dix fois plus faibles (voir § 10), c'est-à-dire des *dixièmes;* le chiffre écrit le

second à droite exprimera des *centièmes*, etc. Ainsi 24 unités et 8 dixièmes d'unité simple s'écriront 24,8; 32 unités et 7 centièmes, 32,07; 60 unités et 312 dix-millièmes, 60,0312.

13. Il résulte de ce qui précède que *tout chiffre significatif a deux valeurs : la valeur absolue et la valeur relative. La valeur absolue est celle qu'un chiffre a par lui-même, indépendamment de sa position; la valeur relative est celle que lui donne le rang qu'il occupe dans un nombre. Ainsi, dans 47, la valeur relative du chiffre 4 est 4 dizaines, tandis que sa valeur absolue est 4 unités.*

14. *Pour écrire en chiffres un nombre énoncé en langage ordinaire, on écrit successivement, de gauche à droite, les unités de chaque ordre, en commençant par l'ordre le plus élevé et en ayant soin de remplacer par des zéros les unités de l'ordre qui manque.*

Ainsi, cinq mille trois cent quinze unités s'écrit.. 5315
Trente mille quatre cents.............. 30400
Sept cent millions quatre mille........ 700004000

Une remarque facilitera cette opération : c'est que les unités de premier ordre sont toujours exprimées par un seul chiffre, les dizaines, ou unités de deuxième ordre, par deux, les centaines par trois, les mille par quatre, les dizaines de mille par cinq, les centaines de mille par six, les millions par sept, etc.

15. *Pour énoncer en langage ordinaire un nombre écrit en chiffres,* 1° *on le partage en tranches* (1) *de trois chiffres chacune, en allant de droite à gauche, sauf à ne laisser dans la dernière tranche à gauche qu'un ou deux chiffres;* 2° *on énonce ensuite, en commençant par la gauche, chaque tranche séparément, en désignant l'espèce d'unités que ses chiffres représentent. Ainsi, le nombre* 64820356 *se divise*

(1) On nomme TRANCHE *la réunion des unités, des dizaines* et *des centaines de même espèce*; on dit la tranche des unités simples, celle des mille, des millions, des billions (ou *milliards* lorsqu'il s'agit de finances ou d'argent), des trillions, des quatrillions, des quintillions, des sextillions, des septillions, etc.

en trois tranches : la première de droite représente les unités de première classe ; la seconde les mille ou unités de deuxième classe ; la troisième les millions ou unités de troisième classe. Il s'énoncera soixante-quatre millions, huit cent vingt mille, trois cent cinquante-six unités.

D'où il résulte que pour lire tous les nombres entiers possibles, il suffit de savoir lire un nombre composé de trois chiffres seulement.

Nous donnons ici un tableau qui indique le rang des unités des divers ordres et des diverses classes, et qui facilitera la lecture et l'écriture des nombres.

TABLEAU DE NUMÉRATION

5e classe.	4e classe	3e classe. MILLIONS.			2e classe. MILLE.			1re classe. UNITÉS SIMPLES.		
Trillions.	Billions.	Centaines de millions. 9e ordre.	Dizaines de millions. 8e ordre.	Unités de millions. 7e ordre.	Centaines de mille. 6e ordre.	Dizaines de mille. 5e ordre.	Unités de mille. 4e ordre.	Centaines. 3e ordre.	Dizaines. 2e ordre.	Unités simples. 1er ordre.

QUESTIONNAIRE.

Qu'est-ce que la numération ? 1. — Combien y a-t-il de sortes de numération ? 2. — Qu'est-ce que la numération parlée ? 3. — Qu'est-ce que la numération écrite ? 4. — Comment se forment les nombres entiers ? 5. — Quel nom prennent les unités quand elles ne dépassent pas neuf ? Comment nomme-t-on les unités du deuxième ordre ? Quelles sont les unités du troisième, du quatrième, du cinquième, du sixième, du septième, du huitième, du neuvième, du dixième ordre ? 6. — Comment se forment les unes des autres les unités des divers ordres ? Pourquoi ce système de numération est-il nommé décimal ? 7. — Quels sont les noms des divers nombres d'unités simples inférieurs à 10 ? Quels sont les noms des nombres successifs de dizaines ? Comment dénomme-t-on les divers nombres de centaines, mille, etc. ? 8. — Quels signes emploie-t-on pour écrire les nombres ? 9. — Que représente un chiffre isolé ? Quelle valeur de position prend un chiffre écrit à gauche d'un autre ? Quelle valeur de position prend un chiffre écrit à droite d'un autre ? A quoi sert le chiffre 0 ? Comment peut-on à l'aide d'un ou de plusieurs zéros rendre un nombre dix, cent, mille, dix mille, cent mille, etc..., fois plus grand ? 10. — Comment peut-on faire usage des conventions de la numération écrite des nombres entiers pour écrire les fractions composées de parties décimales de l'unité ? 12. — Combien un chiffre significatif donné peut-il avoir de sortes de valeurs ? Qu'appelle-t-on valeur absolue d'un chiffre significatif ? Que nomme-t-on valeur relative ? 13. — Comment écrit-on en chiffres un nombre énoncé en langage ordinaire ? 14. — Comment énonce-t-on en langage ordinaire un nombre écrit en chiffres ? Qu'appelle-t-on tranche ? 15.

Exercices.

Lire les nombres suivants :

1° 22 — 37 — 55 — 67 — 71 — 82 — 87 — 92 — 127 — 134 — 219 — 331 — 416 — 526 — 736 — 739 — 824 — 914 — 1274 — 2921 — 3748 — 4757 — 5780 — 6794 — 7910 — 8319 — 18227 — 33749 — 555207 — 78063478 — 91872347 — 817263547 — 77112778997. —

Lire les nombres suivants :

2° 50 — 80 — 90 — 100 — 307 — 5208 — 40207 — 50881 — 3[illegible]100 — 552[illegible]7 — 409300 — 500005 — 527017 — 2001041 — 17009001 — 207517910 — 26179[illegible]4009 — 270800991874 — 56000001900 — 78009187007701 — 98756078437800019.

Ecrire en lettres les nombres des deux numéros précédents.

Ecrire en chiffres les nombres suivants :

Douze — quinze — vingt — trente-six — cent huit — deux cent neuf — neuf cent onze — huit cent deux — sept mille neuf cent soixante — quatorze mille sept

— vingt mille huit — quarante-neuf mille cinq cents — deux cent mille huit cent dix — trois millions deux mille quinze — deux cent sept millions douze mille vingt.

Trois billions cinq millions mille un — deux cent cinq billions quinze millions vingt mille quatre cent deux.

Huit cent quatre billions six millions onze mille seize.

Quatre trillions six billions un mille dix.

Sept cent trente trillions huit billions trente millions cent mille seize — six cent vingt billions neuf cent mille trente-deux.

Neuf cent trois trillions deux billions dix-neuf millions quatre-vingt mille quatre.

Rendre 100 fois plus grand le nombre 48; 1000 fois plus grand le nombre 4760; 1000000 de fois plus grand le nombre 807.

Rendre 10 fois plus petit le nombre 80500; 10000 fois plus petit le nombre 9200000; 1000 fois plus petit le nombre 768000.

DE LA NUMÉRATION DES NOMBRES DÉCIMAUX.

1. *On appelle fraction décimale une fraction formée de parties de l'unité de dix en dix fois plus petites les unes que les autres.*

2. *On appelle nombre fractionnaire décimal un nombre entier joint à une fraction décimale.*

3. Les parties qui résultent de la première subdivision de l'unité prennent le nom de *dixièmes*. On suppose l'unité divisée en dix parties égales.

4. Chaque dixième se subdivise en dix parties égales, qu'on nomme *centièmes*, parce qu'elles sont cent fois plus petites que l'unité principale.

5. Chaque centième se subdivise en dix autres parties appelées *millièmes*, parce qu'elles sont mille fois plus petites que l'unité principale.

6. Le millième se partage en *dix-millièmes*, le dix-millième en *cent-millièmes*, et ainsi de suite à l'infini, en descendant de dix en dix.

7. La numération écrite des nombres décimaux procède comme celle des nombres entiers et à l'aide des mêmes chiffres.

8. On distingue les unités décimales des unités entières, en les séparant par une virgule du chiffre qui exprime ces dernières unités, et en les plaçant à la droite de ce même chiffre, parce que les décimales sont de dix en dix fois plus petites que l'unité.

Ainsi, pour représenter quarante-trois unités, cinq dixièmes, huit centièmes et six millièmes, on écrira 43,586.

9. Quand il n'y a pas d'unités entières, on les remplace par un zéro, on pose la virgule, et ensuite l'on écrit le nombre décimal.

Ainsi, on écrira 0,328 pour représenter une quantité qui ne contient pas d'unités, mais trois dixièmes, deux centièmes et huit millièmes de l'unité ou 328 millièmes.

Remarque. D'après les exemples ci-dessus, les élèves ont déjà pu voir que les *dixièmes* occupent le premier rang après la virgule ; les *centièmes* le second rang ; les *millièmes* le troisième rang ; les *dix-millièmes* le quatrième rang ; les *cent-millièmes* le cinquième rang ; les *millionièmes* le sixième rang, etc.

10. *On énonce un nombre décimal ou une fraction décimale, en commençant par énoncer la partie entière, ensuite la partie décimale comme si c'était un nombre entier, en prononçant à la fin le nom de la plus petite espèce d'unité décimale.*

Ainsi, le nombre décimal 9,345 s'énonce 9 unités, 345 millièmes. En effet, ce nombre décimal contient 9 unités, 3 dixièmes, 4 centièmes et 5 millièmes ; or, 1 dixième vaut 10 centièmes ; donc 3 dixièmes valent 3 fois 10 centièmes, ou 30 centièmes et 4 centièmes valent 34 centièmes ; de même 1 centième vaut 10 millièmes, donc 34 centièmes valent 34 fois 10 millièmes, ou 340 millièmes et 5 millièmes valent 345 millièmes; donc 9,345 s'énonce 9 unités, 345 millièmes.

11. *Réciproquement on écrit en chiffres un nombre décimal ou une fraction décimale, en posant d'abord les unités, s'il y en a, ou en mettant un 0 pour en tenir la place, puis une virgule; ensuite on écrit la partie décimale de manière que le dernier chiffre décimal exprime bien les unités de l'ordre indiqué, en plaçant, si cela est nécessaire, un ou plusieurs zéros entre la virgule et le premier chiffre de la fraction décimale.*

Exemple : *Ecrire le nombre décimal trente unités, vingt-cinq millièmes.*

On écrit d'abord les entiers 30; puis, remarquant que les millièmes occupent le troisième rang à la droite de la virgule, et qu'il ne faut que deux chiffres pour écrire 25, on place un 0 entre la virgule et 25, pour remplacer les dixièmes afin de faire occuper aux centièmes et aux millièmes le rang qui leur convient, ce qui donnera 30,025.

On peut encore, pour écrire en chiffres un nombre décimal, suivre la règle suivante : *Ecrire le nombre donné comme si c'était un nombre entier, et faire en sorte que le dernier chiffre à droite exprime les unités de l'ordre indiqué.*

1er exemple : *Écrire le nombre décimal deux cent vingt-huit millionièmes.*

On écrit le nombre *deux cent vingt-huit* comme si c'était un nombre entier; puis, remarquant que les millionièmes occupent le sixième rang à la droite de la virgule, et que le nombre 228 s'écrit avec trois chiffres, on met trois zéros entre la virgule et le premier chiffre significatif décimal. Ainsi le nombre énoncé sera représenté par 0,000228.

2e Exemple : *Écrire le nombre décimal trois mille six cent quarante-huit centièmes.*

Les centièmes occupant le second rang à la droite des unités, le nombre 3648 ayant quatre chiffres, il faut en séparer, par la virgule, deux vers la droite, ce qui donne 36,48.

12. *Un ou plusieurs zéros écrits à droite d'un nombre décimal ou d'une fraction décimale ne changent pas la valeur de ce nombre.*

En effet, 4,7 est la même chose que 4,70; puisque le dixième vaut dix centièmes, 7 dixièmes vaudront donc 70 centièmes. De même, le nombre 0,27 est la même chose que 0,270, puisque le centième vaut dix millièmes.

13. *Réciproquement, la suppression d'un ou plusieurs zéros à droite d'un nombre décimal ou d'une fraction décimale n'en change pas la valeur.*

14. *On rend la valeur d'un nombre décimal ou d'une fraction décimale* 10, 100, 1000... *fois plus grande, en avançant la virgule de* 1, 2, 3... *rangs vers la droite.*

Exemple : Soit le nombre décimal 3,237 ; si j'avance la virgule de deux rangs vers la droite, j'aurai 323,7 qui est un nombre 100 fois plus grand que le premier; en effet, le 3 qui exprimait des unités, exprime maintenant des centaines; or, 3 centaines sont cent fois plus grandes que 3 unités; de même chacun des autres chiffres exprimant des unités cent fois plus grandes, le nombre est devenu cent fois plus grand.

15. *Réciproquement, on rend la valeur d'un nombre décimal ou d'une fraction décimale* 10, 100, 1000... *fois plus petite en avançant la virgule de* 1, 2, 3... *rangs vers la gauche.*

Ainsi, pour rendre le nombre décimal 325,728 mille fois plus petit, j'avance la virgule de 3 rangs vers la gauche. Le nombre devient 0,325728, qui est mille fois plus petit que le premier ; en effet, le 5 qui exprimait des unités, exprime maintenant des millièmes ; or, 5 millièmes sont mille fois plus petits que 5 unités ; de même, chacun des autres chiffres exprimant des unités mille fois plus petites que dans le premier nombre, ce nombre est devenu mille fois plus petit.

16. *Étant donné un nombre entier, on le rend* 10 *fois,*

100 fois, 1000 fois, 10000 fois, etc... plus petit lorsqu'on sépare par une virgule 1,2,3,4, etc... chiffres décimaux à sa droite.

Prenons, par exemple, le nombre 14784 ; si nous plaçons la virgule entre le deuxième et le troisième chiffre à partir de la gauche, le nombre 147,84 est cent fois plus petit que le précédent. En effet, le 7 qui représentait des centaines représente maintenant des unités simples ; le 4 qui représentait des mille est devenu un chiffre de dizaines ; en un mot, chaque chiffre exprime des unités cent fois plus petites.

QUESTIONNAIRE.

Qu'est-ce qu'une fraction décimale? 1. — Qu'est-ce qu'un nombre fractionnaire décimal? 2. — Quel nom prend la première subdivision de l'unité? 3. — En combien de parties se subdivise chaque dixième? 4. — En combien de parties se subdivise chaque centième? 5. — En combien de parties se subdivise le millième etc.? 6. — Comment s'effectue la numération des nombres décimaux, et par quels chiffres les représente-t-on? 7. — Comment les distingue-t-on des nombres entiers? 8. — Que faut-il faire quand il n'y a pas d'unités entières? 9. — Comment énonce-t-on un nombre décimal? 10. — Comment écrit-on en chiffres un nombre décimal dicté? 11. — Que devient un nombre décimal à la droite duquel on écrit un ou plusieurs zéros? 12. — Que devient un nombre décimal à la droite duquel on supprime un ou plusieurs zéros? 13. — Comment rend-on un nombre décimal 10, 100, 1000... fois plus grand, ou 10, 100, 1000... fois plus petit? 14 et 15. — Comment rend-on un nombre entier 10, 100, 1000... fois plus petit? 16.

Exercices.

1. Lire, puis écrire en lettres les nombres décimaux suivants :

0,4. — 0,04. — 0,004. — 0,0005. — 0,00005. — 0,000005. — 0,957. — 0,00807. — 0,57001. — 769,000355. — 89,0011237. — 456,00000063. — 17480,080745000. — 74975,00011007414. — 978,01024500011, etc.

Lire, puis écrire en lettres les nombres décimaux suivants :

0,9. — 0,09. — 0,009. — 0,7304. — 91,9745. — 7,009741. — 43,00745. — 97,009742. — 40,0097467901. — 0,0000747006. — 0,000479851.

2. On demande d'écrire en chiffres les nombres décimaux suivants (1) :

Six *dixièmes*, — six *centièmes*, — six *millièmes*, — six *dix-millièmes*, — six *cent-millièmes*, — six *millionièmes*, — trente *centièmes*, — seize *millièmes*, — deux cent *dix-millièmes*, — neuf cent quinze *dix-millièmes*, — trente-quatre mille vingt-quatre *millionièmes*, — quinze *cent-millièmes*, — trois cent *dix-millionièmes*, — cinq cent quatre *cent-millionièmes*.

Trente unités, quatre cent vingt *millionièmes*.

Trois cent quinze mille huit cent seize *cent-millièmes*.

Mille unités, quarante-deux mille neuf cent vingt *billionièmes*.

Rendre	10	fois plus grand ou plus petit		4.5
Rendre	100	fois	*id.*	57,25
Rendre	1000	fois	*id.*	4539,05
Rendre	10000	fois	*id.*	472,452
Rendre	100000	fois	*id.*	0,7456
Rendre	10000	fois	*id.*	25,0050
Rendre	1000000	fois	*id.*	784,9747091

Et énoncer les nombres résultants.

— Combien la dizaine vaut-elle de dixièmes ? la centaine de centièmes ? le mille de centièmes ? le million de dizaines ? la dizaine de mille, de millièmes ?

— Quelle est l'unité cent fois plus grande que la centaine ? mille fois plus petite que le million ? cent fois plus petite que le dixième ? cent mille fois plus grande que le centième ? dix mille fois plus petite que la centaine ?

(1) On les fera d'abord écrire en toutes lettres ; puis on les fera écrire en chiffres

— Quel rang occupe avant le chiffre des dizaines le chiffre qui représente des unités cent fois plus grandes? A quel rang sont placés, l'un par rapport à l'autre, les chiffres qui représentent des unités mille fois plus grandes? dix mille fois plus petites, cent mille fois plus grandes? un million de fois plus petites?

DE L'ADDITION DES NOMBRES ENTIERS.

1. *L'addition est une opération qui a pour but de réunir plusieurs nombres en un seul qui contienne autant d'unités que tous les autres ensemble.*

2. Le résultat de cette opération s'appelle *somme* ou *total.*

On remarquera que les nombres à additionner doivent être formés d'unités auxquelles on puisse appliquer le même nom ; car on ne saurait additionner 8 francs avec 6 arbres ; le total 14 ne pourrait porter ni le nom de francs, ni le nom d'arbres ; il faudrait prendre un nom plus général applicable aux deux sortes d'unités ; on dirait : 14 objets, par exemple.

3. Pour indiquer la somme de deux nombres, on les sépare par le signe + qu'on énonce *plus*, et pour exprimer que deux nombres sont égaux, on les sépare par le signe = qu'on énonce *égale*. Ainsi, pour indiquer que la somme de deux nombres 7 et 5 est 12, on écrit $7+5=12$, et l'on dit 7 *plus* 5 *égale* 12.

Pour additionner facilement, il faut savoir par cœur la *table d'addition.*

Cette table se forme en ajoutant à 1 chacun des 9 premiers nombres successivement ; on a ainsi les sommes de 1 augmenté de l'un des 9 premiers nombres. On opère de même pour 2, et l'on a pareillement les sommes de 2 augmenté de l'un des 9 premiers nombres, et ainsi de suite jusqu'à 9.

On a ainsi, réunies dans une même table ou tableau, les diverses sommes que peuvent former les 9 premiers nombres ajoutés 2 à 2.

TABLE D'ADDITION

1 et 1 font 2	4 et 1 font 5	7 et 1 font 8
1 .. 2 ... 3	4 .. 2 ... 6	7 .. 2 ... 9
1 .. 3 ... 4	4 .. 3 ... 7	7 .. 3 ... 10
1 .. 4 ... 5	4 .. 4 ... 8	7 .. 4 ... 11
1 .. 5 ... 6	4 .. 5 ... 9	7 .. 5 ... 12
1 .. 6 ... 7	4 .. 6 ... 10	7 .. 6 ... 13
1 .. 7 ... 8	4 .. 7 ... 11	7 .. 7 ... 14
1 .. 8 ... 9	4 .. 8 ... 12	7 .. 8 ... 15
1 .. 9 ... 10	4 .. 9 ... 13	7 .. 9 ... 16
2 et 1 font 3	5 et 1 font 6	8 et 1 font 9
2 .. 2 ... 4	5 .. 2 ... 7	8 .. 2 ... 10
2 .. 3 ... 5	5 .. 3 ... 8	8 .. 3 ... 11
2 .. 4 ... 6	5 .. 4 ... 9	8 .. 4 ... 12
2 .. 5 ... 7	5 .. 5 ... 10	8 .. 5 ... 13
2 .. 6 ... 8	5 .. 6 ... 11	8 .. 6 ... 14
2 .. 7 ... 9	5 .. 7 ... 12	8 .. 7 ... 15
2 .. 8 ... 10	5 .. 8 ... 13	8 .. 8 ... 16
2 .. 9 ... 11	5 .. 9 ... 14	8 .. 9 ... 17
3 et 1 font 4	6 et 1 font 7	9 et 1 font 10
3 .. 2 ... 5	6 .. 2 ... 8	9 .. 2 ... 11
3 .. 3 ... 6	6 .. 3 ... 9	9 .. 3 ... 12
3 .. 4 ... 7	6 .. 4 ... 10	9 .. 4 ... 13
3 .. 5 ... 8	6 .. 5 ... 11	9 .. 5 ... 14
3 .. 6 ... 9	6 .. 6 ... 12	9 .. 6 ... 15
3 .. 7 ... 10	6 .. 7 ... 13	9 .. 7 ... 16
3 .. 8 ... 11	6 .. 8 ... 14	9 .. 8 ... 17
3 .. 9 ... 12	6 .. 9 ... 15	9 .. 9 ... 18

Pour réunir plusieurs nombres en un seul nombre, on peut ajouter successivement au premier de ces nombres, une à une, toutes les unités du second; à ce premier résultat ajouter pareillement toutes les unités du troisième nombre, et ainsi de suite, jusqu'au dernier nombre.

Ainsi, pour ajouter 8, 3, 2, je dis : 8 + 1 = 9 ; 9 + 1 = 10 ; 10 + 1 = 11 ; à ce premier résultat, j'ajoute pareillement toutes les unités du 3e nombre, et je dis : 11 + 1 = 12 ; 12 + 1 = 13. 13 est le *total* cherché.

On comprend facilement que ce procédé serait rebutant par sa longueur, surtout si les nombres à additionner étaient considérables.

La règle suivante donnera immédiatement la somme que l'on cherche.

4. Règle générale. — Pour additionner deux ou plusieurs nombres entiers, *écrivez les nombres les uns au-dessous des autres, de manière que les unités se trouvent sous les unités, les dizaines sous les dizaines, les centaines sous les centaines, etc. Soulignez le tout. Ajoutez ensuite tous les chiffres qui sont dans la colonne des unités. Si la somme ne surpasse pas 9, écrivez-la au dessous. Si elle surpasse 9, comme elle renferme des dizaines, n'écrivez que l'excédant du nombre des dizaines, ou les unités; retenez ces dizaines, et ajoutez-les aux chiffres de la seconde colonne, c'est-à-dire la colonne des dizaines; suivez la même marche jusqu'à ce que vous arriviez à la dernière colonne à gauche, dont vous écrirez la somme telle que vous la trouverez.*

Exemple : Soit à additionner les nombres 638, 740 et 825.

Opération :	638
	740
	825
Somme :	2203

D'après la règle précédente, voici comment j'ai opéré : J'ai dit 8 et 5 font 13 ; ce nombre contient 3 unités et une dizaine, je pose 3 sous la colonne des unités, et je retiens la dizaine pour la colonne suivante ; 1 dizaine et 3 dizaines font 4, et 4 font 8, et 2 font 10 dizaines. Dix dizaines valent exactement une centaine, je place donc 0 à la colonne des dizaines, et je retiens une centaine pour la colonne des centaines. Une centaine et 6 centaines font 7, et 7 font 14, et 8 font 22 que j'écris.

La somme est donc 2203.

En effet, la somme renfermant toutes les unités simples, toutes les dizaines, toutes les centaines des nombres proposés, contiendra évidemment toutes les unités simples de ces mêmes nombres.

5. On doit commencer l'addition par la droite afin de pouvoir reporter facilement à la colonne suivante à gauche les unités d'un ordre supérieur provenant de l'addition de la colonne précédente. On voit, en effet, qu'on serait exposé, si l'on commençait par la gauche, à changer à chaque colonne le résultat qu'on aurait écrit avant d'avoir additionné les chiffres de la colonne suivante à droite.

Du reste, si le résultat de chaque colonne n'excédait pas 9, il serait indifférent de commencer par la droite ou par la gauche, ou même par une colonne quelconque.

QUESTIONNAIRE.

Qu'est-ce que l'addition? 1.— Comment s'appelle le nombre qui est la réunion des autres? 2. — Comment indique-t-on la somme de deux nombres? 3. — Quelle est la règle à suivre pour faire l'addition? 4. — Pourquoi commence-t-on l'addition par la droite? 5.

Exercices sur l'addition des nombres entiers.

Effectuer les additions suivantes :

1)	2)	3)	4)
6	37	61	789
7	48	85	987
9	52	129	393
4	69	479	676
5	84	895	547

5)	6)	7)	8)
54	9 613	6 785	307
675	8 572	9 547	9 819
569	7 424	7 239	7 817
4 784	8 778	5 430	6 549
9 873	4 519	6 954	7 788
6 378	6 837	8 987	5 675

9)
34 749
17 918
34 984
72 764
84 959
64 778
98 617

10)
8 927
43 546
374 987
567 239
639 789
789 951
873 619

11)
874 987 204
979 804 657
774 567 349
637 548 725
574 865 975
629 654 747
907 247 685

12)
749 476 786
4 947 764 876
9 497 467 567
6 097 943 829
8 928 439 779
5 879 678 867
7 677 984 659

13)
364 764 607
987 654 879
657 457 899
27 969 854 969
57 479 519 876
99 867 478 654
67 768 969 456

14)
795 846 784 675
987 674 856 576
678 576 486 578
798 674 779 669
877 612 819 867
947 975 485 986
747 987 616 568

15)
879 487 987 674
999 878 787 653
898 467 986 789
674 657 887 648
894 674 997 437
876 678 657 976
967 985 879 848

Problèmes sur l'addition des nombres entiers.

1. Un voyageur a fait 5 kilomètres le premier jour ; 10 le second ; 13 le troisième ; et 18 le quatrième. Quel est le chemin qu'il a parcouru ?

2. Une succession a été ainsi partagée : un premier héritier a reçu 11824 francs ; un second 19424 francs ; un troisième 35974 francs ; on a légué 6837 francs à la commune et 2304 francs aux hôpitaux. On veut connaître la fortune du défunt.

3. Un négociant a perdu dans trois faillites, d'abord 17356 francs, ensuite 110084 francs, et enfin 174970 francs. Quelle est la totalité de la perte ?

4. Trois ouvriers se sont partagé une certaine somme : le premier a eu 4617 francs, le second 5624 francs de plus, et le troisième 5001 francs de plus que le second. Quelle est la somme partagée et la part de chacun ?

5. Une maison a coûté 354599 francs; combien faut-il la revendre pour gagner 45467 francs?

6. La bataille de Marathon fut livrée 490 ans avant J.-C. Combien y a-t-il d'années?

7. En quelle année est mort un homme âgé de 89 ans et né en 1707?

8. En 1852, la consommation de la ville de Paris a été : bœufs, 75247 têtes; vaches, 19673; veaux 79289; moutons, 569654; porcs et sangliers, 86959. Combien de têtes de bétail en tout?

9. On a payé à-compte sur une dette, d'abord 15987 francs, une autre fois 29876 francs, ensuite 9769 francs, on redoit encore 67958 francs : à combien s'élevait cette dette et combien a-t-on donné en tout?

10. François Ier, monté sur le trône en 1515, mourut à Rambouillet après un règne de 32 ans; depuis sa mort jusqu'à l'avénement de Napoléon III au trône, il s'écoula 305 ans. A quelle époque mourut François Ier? en quelle année Napoléon monta-t-il sur le trône?

11. On perd 97678 francs en vendant une ferme 986579 francs. Combien avait-elle coûté?

12. Un rentier dépense 940 francs par an pour son logement; 1579 francs pour sa nourriture; 758 francs pour son entretien; les gages de ses domestiques s'élèvent à 1137 francs. Il lui reste à la fin de l'année 1470 francs. Quel est son revenu annuel?

13. Quel nombre d'hommes contient un régiment comprenant 4 bataillons dont le 1er renferme 898 hommes; le 2e, 967; le 3e 795; le 4e 967?

14. Un jardin potager contient 578 pommiers, 839 poiriers, 396 pêchers, 1269 pruniers, 498 abricotiers, 43 néfliers, 68 cognassiers, 1069 cerisiers, 2487 groseilliers, 268 framboisiers, 584 pieds de vigne; combien contient-il d'arbres ou arbustes fruitiers?

15. Une école comprend 7 divisions : la 1re compte 128 élèves; la 2e, 78; la 3e, 109; la 4e, 88; la 5e, 116; la 6e, 94; la 7e, 138; combien l'école a-t-elle d'élèves?

16. Un caissier a reçu : le 1er août 27346 francs; le 4, 134094 francs; le 5, 82928 fr.; le 7, 32029 fr.; le 11, 1648 fr.; le 14, 68906 francs; il fait sa caisse le 15 août, quelle recette totale doit-il inscrire pour sa quinzaine?

17. Un voyageur a parcouru dans sa journée 14 chemins

dont voici les longueurs : 36849 mètres, 476 m., 1280 m., 3789 m., 38 m., 1245 m., 948 m., 189 m., 428 m., 96 m., 25828 m., 897 m., 569 m., 248 m.; combien de mètres a-t-il parcouru en tout?

18. Une personne doit à 15 autres les sommes suivantes : 175 francs, 39 fr., 2469 fr., 138 fr., 128984 fr., 348689 fr., 3478 fr., 2968 fr., 695 fr., 98 fr., 39676 fr., 14804 fr., 7986 fr., 849 fr., 1849 fr.; combien doit elle en tout?

19. Clovis est devenu roi des Francs en 481 ; il est mort 30 ans après ; le dernier de ses 4 fils, Clotaire Ier, est mort 50 ans après son père; Clotaire II est mort 67 ans plus tard ; Dagobert Ier, 10 ans après Clotaire II; Clovis II, 18 ans plus tard; Childéric II, 17 ans après Clovis II ; enfin le dernier roi mérovingien a été détrôné 79 ans après la mort de Childéric II ; on demande la date de la fin de la dynastie des Mérovingiens?

20. La race des rois Mérovingiens a duré, depuis Clovis Ier, 271 ans; celle des Carlovingiens, 235 ans; les Capétiens directs, 341 ans; les Capétiens-Valois, 261 ans; les Capétiens-Bourbons, 259 ans jusqu'à la chute de Louis-Philippe Ier : combien s'est-il écoulé d'années de l'avénement de Clovis Ier à la chute de Louis-Philippe?

ADDITION DES NOMBRES DÉCIMAUX.

1. *L'addition des nombres décimaux est une opération qui a pour but de réunir plusieurs nombres composés d'unités et de parties décimales d'unité, en un seul nombre qui contienne autant d'unités et de parties décimales d'unité que tous les autres ensemble.*

2. L'addition des nombres décimaux se fait exactement comme celle des nombres entiers, c'est-à-dire *que l'on doit écrire les nombres décimaux à additionner les uns au-dessous des autres, de manière que les unités de même ordre soient dans une même colonne verticale* (ce qui arrivera toujours si toutes les virgules décimales se correspondent). *On fait ensuite la somme de ces nombres comme s'il s'agissait de nombres entiers, et on place au résultat une virgule dans la colonne verticale des virgules.*

Exemple : Soit proposé d'additionner les nombres 8,2453; 125,349, 6,9738.

Opération :	8,2453
	125,349
	6,9738
Somme :	140,5681

Décomposons cette opération : nous dirons 3 et 8 dix-millièmes font 11 dix-millièmes : en 11 dix-millièmes il y a 1 dix-millième plus un millième ; je pose 1 sous la colonne des dix-millièmes, et je retiens un millième pour la colonne suivante ; 1 millième et 5 font 6 millièmes et 9 font 15 millièmes et 3 font 18 millièmes ; dans ce nombre il y a 8 millièmes, plus 1 centième ; je pose 8 millièmes sous la colonne des millièmes, et je retiens 1 centième pour la colonne des centièmes.

L'opération se continue toujours de la même manière. On trouve 140,5681 pour la somme cherchée.

En effet, la somme se compose de toutes les unités des nombres proposés, et, par conséquent, de toutes les unités décimales de la plus petite espèce.

QUESTIONNAIRE.

Qu'est-ce que l'addition des nombres décimaux? 1. — Comment se fait l'addition des nombres décimaux ? 2.

Exercices sur l'addition des nombres décimaux.

Effectuer les additions suivantes :

1)	0,9874	2)	0,4675	3)	0,00945
	0,7468		0,98287		0,00787
	0,6863		0,653		0,798
	0,75		0,97654		0,79000
	0,267		0,7458		0,6543

4)	7467,74	5)	3,7432	6)	0,97
	9467,078		686,745		0,6747
	257,0987		79,2784		324,00784
	712,673		3,009		978,100750
	48,364		98,746		0,00097
	0,97453		0,6172		0,9003
	7,09		4,384		0,67476

7)	8)	9)
274,5646	10,7474	6747,740
6819,0088	1,69296	28,009
918,9099	274,74569	0,974786
5619,5678	0,6105	0,874683
8918,0584	9,435874	27975,097[illegible]5
694,356	8,7467294	79,4359
856,6425	459,874340	0,78745
0,10580	0,009098	0,947467
4,54849	0,7986748	989,74740

Problèmes sur l'addition des nombres décimaux.

1. Une personne a 1 mètre, 701 millimètres de hauteur; une seconde personne a 107 millimètres de plus. Quelle est la taille de cette dernière?

2. On a coupé à une pièce de drap 24 mètres, 035 millimètres; plus 5 mètres, 007 millimètres; plus 18 mètres, 10 centimètres : elle contient encore 4 mètres, 1 décimètre. Quelle était sa longueur ?

3. On a retiré d'une pièce de vin 13 hectolitres, 25 litres, 35 centilitres; plus 2 hectolitres, 4 décalitres. Quelle était la contenance totale de la pièce?

4. Un marchand a vendu de l'étoffe, savoir : 4788 mètres; plus 14890 mètres, 901 mill.; plus 18 mètres, 30 centimètres; plus 10 mètres, 029 mill. Combien a-t-il vendu de mètres d'étoffe en totalité?

5. Un fermier a retiré les sommes suivantes de la vente de ses produits : blé 2714 fr.; légumes 67 f. 25 c.; fruits 89 f. 10 c.; volailles 45 f., 70 c.; œufs 19 f., 90 c. Combien a-t-il retiré de sa vente?

6. Un marchand a vendu 724 kilog. 4 décagrammes de marchandises+92 kilog. 9 hect. 47 gr.+17 décagr. 8 gram. 45 centig.+917 gram. 25 centig.+4 hect. 9 décagr. 24 gram. 50 centig. Combien a-t-il vendu de grammes? Exprimer le résultat en kilog., en hectogr. et en décagrammes.

7. Un marchand a acheté 794 mètres, 47 c. de calicot pour 875 f. 25 c., puis 6987 m., 60 c. pour 7563 fr., 50 c., puis 12917 m., 20 c. pour 15907 fr., puis 9719 m., 70 c. pour 10836 fr., 75 c. Il vend tout ce calicot avec un bénéfice de 5216 fr., 40 c. Combien a-t-il acheté de mètres de calicot? Combien les a-t-il payés? et combien les a-t-il vendus?

8. On a récolté 870 hectolitres de pommes de terre dans un terrain de 6 hectares 21 ares 40 centiares; 2307 hectolitres 35 litres dans un autre de 14 hectares 58 ares 5 centiares; et 1278 hectolitres 8 décalitres dans un champ de 5 hectares 45 centiares. Combien a-t-on récolté d'hectolitres, et quelle est la superficie des trois terres?

9. 15 ouvriers terrassiers ont fait en 26 jours 57 mètres cubes 278 décimètres cubes de terrasse pour 315 fr. 75 c.; en 49 jours 98 mètres cubes 64 décimètres cubes pour 519 fr. 30 c.; en 105 jours 275 mètres cubes 97 décimètres cubes pour 1274 fr. 15 c.; et en 114 jours 302 mètres cubes 59 décimètres cubes pour 1870 fr. 15 centimes. Combien ont-ils travaillé de jours, quel est le nombre de mètres de terrasse qu'ils ont faits, et combien ont-ils gagné?

10. Faire facture des achats suivants, c'est-à dire donner la somme totale à payer : taffetas, 342 f., 85 c.; cotonnade, 72 f., 65 c.; toile de laine, 249 f. 95 c.; toile de fil, 78 f., 45 c.; jaconas, 143 f., 70 c.; velours de soie, 596 f., 95 c.

11. On a 12 planches dont les longueurs sont : 7 m., 485; 6 m., 370, 8 m., 296; 5 m., 893; 7 m, 679; 6 m., 087; 11 m., 974: 9 m., 706; 6 m., 968; 7 m., 809; 13 m,. 070; 7 m., 765.; on les met bout-à-bout; quelle longueur obtient-on?

12. Une machine se compose de 9 pièces dont les poids exprimés en kilogrammes sont 128,084; 987,035; 81,700; 538,080; 267;846; 186, 235, 739,428; 68,240; 364,09 : quel est le poids total de la machine?

13. Une analyse chimique a montré qu'une certaine quantité de matière donnée renfermait les poids suivants exprimés en grammes : potasse, 0,086; soude, 0,04; soufre, 0,24; fer, 0,074; cuivre, 0,28; plomb, 1, 0738; étain, 0, 09; eau, 0, 035. On demande le poids de la matière analysée.

14. On allie ensemble les poids suivants, exprimés en grammes, des métaux ci-nommés : or, 853, 9724; cuivre, 47,0727; plomb, 0,8067; étain, 1,809. Quel est le poids de l'alliage formé?

15. Quelle somme totale donnant, 18 f., 79 + 15 f., 84 + 784 f., 89 + 348 f., 72 + 1264 f., 94 + 568 f., 58 + 782 f. 78 + 2868 f., 39 + 735 f., 48?

DE LA SOUSTRACTION DES NOMBRES ENTIERS.

1. *La soustraction est une opération qui a pour but de trouver de combien d'unités un nombre est plus petit qu'un autre.*

2. Le résultat de la soustraction se nomme *reste* ou *différence*.

3. Pour indiquer la différence de deux nombres, on les sépare par la ligne — qu'on énonce *moins*. Ainsi, pour indiquer la différence des deux nombres 12 et 5, on écrit 12 — 5 = 7, et l'on dit 12 *moins* 5 *égale* 7.

4. Le plus grand des deux nombres est toujours égal à la somme du plus petit et de la différence ; en effet, si l'on ajoute au plus petit ce qui lui manque pour égaler le plus grand, il lui deviendra nécessairement égal.

5. D'où l'on peut encore conclure que la soustraction est une opération par laquelle, connaissant la somme de deux nombres et l'un de ces nombres, on se propose de retrouver l'autre.

Ainsi, connaissant la somme 16 de deux nombres, et l'un de ces nombres 12, on se propose de retrouver l'autre qui est 4.

6. Pour trouver la différence qui existe entre deux nombres, on peut retrancher du plus grand nombre successivement une à une toutes les unités du plus petit.

Ainsi, pour trouver la différence entre 5 et 8, on dira :

8 — 1 = 7, 7 — 1 = 6, 6 — 1 = 5, 5 — 1 = 4, 4 — 1 = 3 ; 3 est la différence cherchée.

On conçoit facilement que cette méthode de calculer serait sinon impossible, du moins presque impraticable à cause de sa longueur, pour peu que le nombre à soustraire fût grand.

On trouvera immédiatement la différence que l'on cherche en suivant la règle ci-après :

7. Règle générale. — *Pour soustraire un nombre d'un autre, on écrit le plus petit sous le plus grand, de telle sorte que les unités correspondent aux unités, les dizaines aux dizaines, etc.; on souligne le tout pour le séparer du résultat que l'on écrit au-dessous.*

Ensuite, commençant par la première colonne à droite, on retranche le chiffre inférieur du chiffre supérieur correspondant, et l'on écrit le résultat au-dessous de la colonne; on opère successivement de la même manière sur chaque colonne, jusqu'à la dernière à gauche.

Si le chiffre inférieur est plus petit que le chiffre supérieur correspondant, la soustraction ne présente aucune difficulté.

Si le chiffre inférieur est égal au chiffre supérieur correspondant, on écrit 0 au-dessous de la colonne.

Si le chiffre inférieur est plus grand que le chiffre correspondant supérieur, on augmente de dix unités de son ordre le chiffre supérieur, on fait la soustraction; ensuite on augmente d'une unité le chiffre inférieur suivant.

On doit répéter cette opération autant de fois qu'il est nécessaire.

Exemple : Soit à retrancher 4873 de 6059.

J'écris le plus grand nombre 6059, et au-dessous le plus petit 4873, de manière que les chiffres qui représentent des unités du même ordre se correspondent, et je souligne le tout, comme on le voit ci-après :

Opération :	6059
	4873
Reste :	1186

Puis, commençant par le chiffre à droite, je dis : 3 ôté de 9 il reste 6 que j'écris au-dessous de la colonne des unités; ensuite, 7 ôté de 5, cela ne se peut : j'augmente 5 de 10 unités de son ordre, ce qui donne 15 dizaines; et alors 7 ôté de 15, il reste 8 que j'écris au-dessous des dizaines.

Maintenant, j'augmente 8 de 1, ce qui donne 9, et je dis : 9 ôté de 0, cela ne se peut : j'augmente le 0 de

10, 9 ôté de 10, il reste 1 ; de même j'augmente 4 de 1, ce qui donne 5; 5 ôté de 6, il reste 1. — Le reste est 1186.

En effet, pour connaître la différence qui existe entre les deux nombres proposés, je puis retrancher les unités simples, les dizaines, les centaines... du plus petit nombre, des unités simples, des dizaines, des centaines... du plus grand nombre, et le résultat cherché sera égal à la somme de toutes ces différences. Je dirai donc : 3 unités ôtées de 9 unités, il reste 6 unités ; 7 dizaines ôtées de 5 dizaines, cela ne se peut; je rends la soustraction possible en ajoutant 10 dizaines au chiffre des dizaines du plus grand nombre. Mais, afin de ne pas altérer le résultat de la soustraction, j'ai ajouté en même temps une centaine au chiffre des centaines du nombre inférieur, et je dis 7 dizaines ôtées de 15 dizaines, il reste 8; 9 centaines ôtées de 10 centaines, il reste 1 centaine, et 5 mille ôtés de 6 mille, il reste 1 mille.

Cela démontre la règle énoncée.

8. On commence la soustraction par la droite, précisément à cause de cette modification qu'on doit faire subir aux deux nombres pour rendre les soustractions partielles possibles; car, si tous les chiffres du nombre inférieur étaient plus petits que les chiffres supérieurs correspondants, ou égaux, il serait indifférent de commencer par la gauche ou même par une colonne quelconque.

QUESTIONNAIRE.

Qu'est-ce que la soustraction? 1. — Comment se nomme le résultat de la soustraction? 2. — Par quel signe indique-t-on la différence de deux nombres? 3. — A quoi est égal le plus grand des deux nombres? 4. — Que conclure de là? 5. — Comment fait-on pour trouver la différence entre deux nombres? 6. — Quelle est la règle générale de la soustraction des nombres entiers? 7. — Pourquoi commence-t-on la soustraction par la droite? 8.

Exercices sur la soustraction des nombres entiers.

Effectuer les soustractions suivantes :

	89 32	2)	7456 5342	3)	94057 87805	4)	874747 598940
5)	47676709 38799899	6)	94000380 74578965	7)	4767001 3974672		
8)	59 800 900 201 39 973 579 354	9)	987 002 701 254 897 654 376 347				

10. 789764902 — 99789679
11. 512136564 — 461849745
12. 734589951 — 544997719
13. 516209109 — 417369873
14. 6980000810 — 5897070792
15. 76900747009 — 29826987667
16. 900000000999 — 299999786519
17. 877245906215 — 677887512814
18. 904589209764 — 707544969071
19. 4767809703510 — 3499617609951
20. 6790908307051 — 4994761906159

Problèmes sur la soustraction des nombres entiers.

1. Quelle somme faut-il ajouter à 45927 francs pour faire 56989 francs ?

2. Une personne a eu 24 ans en 1840. A quelle époque aura-t-elle 65 ans ?

3. Un père avait 32 ans à la naissance de son fils. Quel sera l'âge du fils quand le père atteindra sa 65e année ?

4. Une personne avait acheté 437957 mètres de toile ; elle en a cédé 379846 mètres. Combien lui en reste-t-il ?

5. On a acheté 212747 litres + 26 kilolitres 56 décilitres, [illegible] litres de vin. On en revend 87648 litres. Combien a-t-on encore de litres ?

6. Une voiture vide pèse 16810 kilogrammes, et chargée de marchandises elle pèse 50004 kilogrammes. Quel est le poids de la marchandise ?

7. La somme de deux nombres est 89701 ; le plus grand des deux est 52987. Quel est l'autre ?

8. Le total de trois nombres est 2000000 ; la somme de deux d'entre eux est 943764, et l'un de ces derniers est 478929. Quels sont ces trois nombres ?

9. J'ai trois créanciers : je dois à l'un 2400 francs, au 2e 7987 francs, et au 3e 15969 francs. J'ai deux débiteurs, dont l'un me doit 19400 francs et l'autre 21705 francs. J'ai en bourse 13746 francs. Mes fonds rentrés et mes dettes payées, que me reste-t-il ?

10. Un particulier a acheté une propriété 99275 francs, il a en outre dépensé, pour l'améliorer, 17910 francs ; mais l'ayant revendue 150989 francs, combien a-t-il gagné sur cette spéculation ?

11. Un éleveur possède 1265 moutons ; il en prête 234 à un voisin pour les mettre en parc ; il en vend 468 ; il lui en meurt 37. Combien reste-t-il de moutons dans sa bergerie.

12. Au début d'une bataille, une des armées en présence compte 64688 soldats ; 12935 sont mis hors de combat dans une première partie de la lutte ; elle reçoit un renfort de 22690 hommes et en perd encore 7638. Combien cette armée compte-t-elle encore de soldats valides après la bataille ?

13. Louis XIV est né en 1638. Quel âge avait-il à la mort de son ministre Mazarin, en 1661 ?

14. Combien d'années se sont écoulées entre l'avénement du roi de France Philippe VI, dit de Valois, en 1328, et la mort de Charles VIII, en 1498 ?

15. Clovis devint roi des Francs en 481. Combien y a-t-il d'années en ce moment ?

16. Quel est le nombre qui, diminué de 647, puis augmenté de 129, donne 1538 ?

17. Une caisse renferme 8649 francs ; on paie successivement : 238, 649, 1288, 5694 francs, et on reçoit 2980 fr. Combien contient la caisse après toutes ces opérations ?

18. Un marchand achète une certaine quantité de blé pour 1187 fr. Il le vend pour 1669 francs ; mais il a dû supporter 68 francs de frais de transport. Combien gagne-t-il ?

19. Il y avait 324 ans que saint Louis était mort, lorsqu'en 1594 Henri IV, l'un de ses arrière-descendants et chef de la branche de Bourbon, fit son entrée dans Paris reconquis. En quelle année saint Louis est-il mort ?

20. Un tonneau contient 238 litres de vin ; on en tire 92 ;

puis on en ajoute 64 et on en tire de nouveau 132. Combien reste-t-il de litres dans le tonneau?

DE LA SOUSTRACTION DES NOMBRES DÉCIMAUX.

1. *La soustraction des nombres décimaux est une opération qui a pour but de trouver de combien d'unités et de parties décimales d'unités un nombre est plus petit qu'un autre.*

2. La soustraction des nombres décimaux se fait comme celle des nombres entiers. Je place le plus petit nombre sous le plus grand, en faisant correspondre les unités aux unités, les dizaines, les centaines, etc.; les dixièmes, les centièmes, etc.; ce qui arrivera toujours si les deux virgules sont placées dans la même ligne verticale.

3. Si l'un des nombres a moins de chiffres décimaux que l'autre, on peut écrire des zéros à sa droite, afin qu'il présente autant de chiffres décimaux que l'autre nombre, mais cette préparation n'est pas indispensable; il vaut mieux se contenter de supposer l'existence de ces zéros.

Exemple: Soit 3,8694 à soustraire de 6,956. Je dispose les chiffres comme ci-dessous:

Opération :	6,956
	3,8694
Reste . . .	3,0866

Afin qu'il y ait le même nombre de chiffres décimaux dans l'un et l'autre nombre, je suppose un zéro écrit à la droite du plus grand, ce qui ne change pas la valeur de ce nombre décimal.

Effectuant ensuite la soustraction selon la règle, je trouve que le reste demandé est 3,0866.

Autre exemple.

Soit 4,86 à soustraire de 5,6453.

Opération :	5,6453
	4,8600
Reste . . .	0,7853

J'écris deux zéros à la droite du plus petit nombre, afin qu'il présente autant de chiffres décimaux que le plus grand. Il est nécessaire, dans le reste, d'écrire le zéro à la gauche de la virgule.

QUESTIONNAIRE.

Qu'est-ce que la soustraction des nombres décimaux? 1. — Comment se fait la soustraction des nombres décimaux? 2. — Que faut-il faire si l'un des nombres a moins de chiffres décimaux que l'autre? 3.

Exercices sur la soustraction des nombres décimaux.

Faire les soustractions suivantes :

1)	79,56 47,35	2)	798,079 645,098	3)	200,005 179,0256
4)	0,741 0,3794	5)	0,357 0,07812	6)	0,65409 0,3094
7)	95320,62201 89767,0987	8)	74598 0074 9456,99270	9)	762,000474 650,45748
10)	0,0091741 0,00798654	11)	0,047497 0,0309845	12)	0,0009457 0,00085693

Effectuer les soustractions suivantes :

13.	De	927.78	soustraire	649,00475
14.	De	4794.005	soustraire	578,987234
15.	De	0,045239	soustraire	0,00583545
16.	De	0,0000007	soustraire	0,00000008
17.	De	24.93659	soustraire	18,097234
18.	De	48,7374	ôter	38,09098
19.	De	0,465874	ôter	0,3746792
20.	De	0,0940571	ôter	0,071823674
21.	De	4,0741054	ôter	0,09987264
22.	De	0,00014	ôter	0,000098746

Problèmes sur la soustraction des nombres décimaux.

1. Une personne a acheté 4744 mètres, 05 centimètres de toile; elle en a livré 987 mètres, 80 centimètres. Combien en a-t-elle encore ?

2. Une pièce de vin contenait 376 litres, 005 millilitres; on en a tiré 289 litres, 39 centilitres. On demande combien elle en contient encore ?

3. Une règle a 0 mètre, 569 millimètres de longueur ; combien manque-t-il à cette règle pour faire le mètre ?

4. Il manque 3 kilogrammes, 528 décigrammes à un corps pour qu'il pèse 6 kilogrammes, 25 grammes. Quel est donc son poids ?

5. On enlève 2 mètres, 57 centimètres d'un morceau de toile ayant 1 décamètre, 75 décimètres. Que reste-t-il?

6. La recette d'une maison de commerce, pendant toute l'année, a été de 874004 francs, et la dépense de 294787 fr. 80 c. Quel est l'excédant de la recette sur la dépense ?

7. Un marchand a acheté 217 hectolitres, 24 litres, 50 centilitres de vin ; il en a vendu 19740 litres, 8 décilitres. Combien en a-t-il encore?

8. Je devais à une personne 18972 francs, je lui donne un billet de 2470 francs, un autre billet de 5749 fr., 25 c., des marchandises pour 4879 fr., 70 c.; en argent, 3050 fr. , 20 c. Combien lui ai-je donné, et combien lui est-il encore dû ?

9. Un marchand a acheté 19475 mètres, 45 centimètres de rubans pour 30907 fr., 50 c., il en a vendu 13895 mètres, 75

centimètres pour 22975 fr., 80 c. Combien lui reste-t-il de mètres, et pour quelle somme?

10. Une personne interrogée sur son revenu répond : Si j'avais 1897 fr., 45 c. de plus, j'aurais 6900 francs. Quel est son revenu ?

DE LA PREUVE DE L'ADDITION ET DE LA SOUSTRACTION.

1. On nomme preuve d'une opération une seconde opération que l'on fait pour s'assurer de l'exactitude de la première.

2. On vérifie une addition en la faisant de nouveau, mais en comptant de bas en haut, si d'abord on a compté en descendant.

Ou bien encore en ajoutant de nouveau toutes les sommes moins une, et en retranchant ce dernier résultat du premier.

Si la différence est semblable à la somme qu'on a laissée de côté, il est *probable* que l'opération est exacte.

Je dis *probable* parce que la preuve ne donne pas la certitude, mais seulement une plus grande probabilité qu'on ne s'est pas trompé dans la première opération.

On pourrait, en effet, avoir commis dans chaque opération des erreurs qui se compenseraient.

3. La preuve de la soustraction se fait par l'addition.

4 Pour cela, il suffit d'additionner ensemble le plus petit nombre et la différence, on devra retrouver le plus grand nombre.

5. Cette manière de vérifier l'exactitude de la soustraction s'explique ainsi : le plus grand nombre étant nécessairement égal au plus petit et à la différence, il s'ensuit que, si l'on ajoute la différence au plus petit nombre, on doit retrouver le plus grand.

Exemple :

```
 8943
 5426
-----
 3517
```

La différence entre 8943 et 5426 est 3517 ; si l'on ajoute ce dernier nombre à 5426, on doit former un nombre égal à 8943.

L'addition faite

```
 5426
 3517
-----
 8943
```

donne en effet pour résultat 8943.

QUESTIONNAIRE.

Qu'est-ce que la preuve d'une opération ? 1. — Comment vérifie-t-on une addition ? 2. — Comment se fait la preuve de la soustraction ? 3. — Quelle est la règle à suivre ? 4. — Comment explique-t-on cette règle ? 5.

DE LA MULTIPLICATION DES NOMBRES ENTIERS.

1. *La multiplication est une opération par laquelle, étant donné un nombre appelé multiplicande et un autre nombre appelé multiplicateur, on doit former avec le multiplicande un troisième nombre appelé produit, comme le multiplicateur a été formé avec l'unité.*

2. Lorsque le multiplicateur est un nombre entier, il a été formé en répétant un certain nombre de fois l'unité. On peut dire alors : *La multiplication a pour objet de répéter le multiplicande autant de fois qu'il y a d'unités dans le multiplicateur.*

3. Le nombre qu'on multiplie s'appelle *multiplicande.*

4. Celui par lequel on multiplie s'appelle *multiplicateur*.

5. Le *résultat* de l'opération prend le nom de *produit*.

6. Pour indiquer le produit de deux nombres, on les sépare par le signe $\times$, qu'on énonce *multiplié par*; ainsi, pour indiquer le produit de 7 par 5, on écrit 7×5, qu'on énonce 7 multiplié par 5.

7. Le *multiplicande* et le *multiplicateur*, concourant tous deux à former le produit, se nomment les facteurs du produit; ainsi 4 et 5 sont les facteurs de 20.

En général, on nomme facteurs d'un nombre d'autres nombres qui, multipliés les uns par les autres, donnent le premier. Exemple : les facteurs de 35 sont 7 et 5, parce que c'est 7 qu'il faut multiplier par 5 pour avoir 35.

8. La multiplication des nombres entiers peut être ramenée à une addition. Ainsi, multiplier 4 par 6, c'est répéter le nombre 4, qui est le multiplicande, autant de fois qu'il y a d'unités dans le nombre 6 qui est le multiplicateur, ou, ce qui est la même chose, faire la somme de 6 nombres égaux à 4, de cette manière :

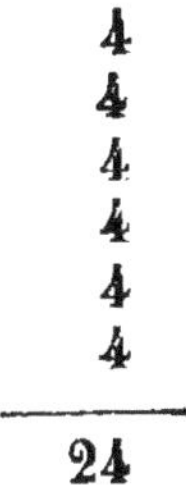

$$\begin{array}{r} 4 \\ 4 \\ 4 \\ 4 \\ 4 \\ 4 \\ \hline 24 \end{array}$$

Mais on comprend sans peine que cette méthode serait impraticable pour des nombres un peu considérables; on a donc cherché à la simplifier, et c'est dans cette abréviation que consiste la *multiplication*.

9. De la définition de la multiplication il résulte :

1° *Que, lorsque le multiplicateur sera l'unité, le produit sera égal au multiplicande ;*

2° *Que, lorsqu'il sera plus grand que l'unité, on répétera plus d'une fois le multiplicande, et le produit sera plus grand que ce dernier nombre ;*

3° *Que, lorsqu'il sera plus petit que l'unité, on ne prendra pas le multiplicande une fois entière, on n'en prendra qu'une partie; alors, le produit sera plus petit que le multiplicande:*

On voit, d'après cette dernière remarque, que le produit n'est pas toujours plus grand que le multiplicande.

10. Dans la multiplication de deux nombres entiers l'un par l'autre, il se présente quatre cas : le 1er est celui où le multiplicande et le multiplicateur n'ont qu'un seul chiffre ; le 2e est celui où le multiplicande a plusieurs chiffres et le multiplicateur un seul ; le 3e est celui où le multiplicande a plusieurs chiffres et le multiplicateur un seul chiffre suivi d'un ou de plusieurs zéros ; et le 4e est celui où les deux facteurs sont composés de plusieurs chiffres.

11. Premier cas. — *Lorsque le multiplicande et le multiplicateur ne contiennent qu'un seul chiffre, pour faire la multiplication, on répète le multiplicande autant de fois qu'il y a d'unités dans le multiplicateur, et on fait l'addition, dont la somme sera le produit cherché. Ces multiplications d'un chiffre par un nombre d'un chiffre revenant incessamment, on a réuni les produits deux à deux des 9 premiers nombres dans un tableau qu'on appelle* Table de multiplication.

Cette table n'est pas destinée à être sans cesse sous les yeux des personnes qui ont à faire des multiplications. Elle a réellement pour objet de réunir les produits des neuf premiers nombres multipliés deux à deux pour permettre de les *apprendre par cœur*. Ce dernier point est essentiel ; car la table de multiplication ne sert pas seulement dans le premier cas qui nous occupe ; on verra qu'elle sert dans tous les cas de la multiplication.

1	2	3	4	5	6	7	8	9
2	4	6	8	10	12	14	16	18
3	6	9	12	15	18	21	24	27
4	8	12	16	20	24	28	32	36
5	10	15	20	25	30	35	40	45
6	12	18	24	30	36	42	48	54
7	14	21	28	35	42	49	56	63
8	16	24	32	40	48	56	64	72
9	18	27	36	45	54	63	72	81

12. Cette table se forme ainsi :

Sur une première ligne horizontale, on écrit les 9 premiers nombres.

On ajoute chacun de ces nombres à lui-même, et on forme ainsi la seconde ligne horizontale qui représente les produits de chacun des 9 premiers nombres par 2.

En ajoutant chacun des nombres de la deuxième ligne horizontale avec le nombre correspondant de la première, on forme ainsi la troisième ligne qui représente les produits des 9 premiers nombres par 3.

On continue ainsi en ajoutant chacun des nombres de la dernière ligne horizontale que l'on vient d'obtenir avec le nombre correspondant de la première.

13. Pour s'en servir, on cherche, dans la première colonne verticale, en partant de la gauche, le multiplicateur donné, puis on prend le multiplicande dans la colonne horizontale supérieure, et on descend vertica-

lement en partant de ce nombre jusqu'à ce qu'on soit vis à vis du multiplicateur. Le nombre sur lequel on s'arrêtera donnera le produit. Ainsi je veux savoir le produit de 8 par 7, je cherche dans la colonne verticale le nombre 7 qui est ici le multiplicateur, et je prends 8 dans la colonne horizontale supérieure; je descends jusqu'à la hauteur de 7 et je trouve 56.

14. DEUXIÈME CAS. — *Lorsque le multiplicande a plusieurs chiffres et le multiplicateur un seul, on écrit le multiplicateur sous le multiplicande et l'on tire un trait horizontal sous ces deux nombres pour les séparer du produit qu'on doit écrire au-dessous. On multiplie ensuite successivement les unités, les dizaines, les centaines... du multiplicande par le multiplicateur.*

Si le produit d'un des chiffres du multiplicande par le multiplicateur n'excède pas 9, on écrit le produit tel qu'on le trouve; s'il excède 9, c'est-à-dire s'il contient des unités et des dizaines, on n'écrit que les unités et on reporte les dizaines au produit suivant.

Exemple : Soit 2456 à multiplier par 7.

Multiplicande	2456
Multiplicateur	7
Produit. . . .	17192

On dit 7 fois 6 unités font 42 unités, je pose 2 et je retiens 4 dizaines pour les reporter au produit suivant, en disant : 7 fois 5 dizaines font 35 dizaines et 4 de retenue font 39, je pose 9 et je retiens 3; 7 fois 4 font 28 et 3 font 31, je pose 1 et je retiens 3; 7 fois 2 font 14 et 3 font 17, je pose 17.

En effet, multiplier 2456 par 7, c'est répéter 7 fois le nombre 2456; or, si j'écrivais 7 fois le nombre 2456 dans une colonne verticale et que j'en fisse l'addition, je répéterais 7 fois les unités, 7 fois les dizaines, 7 fois les centaines et 7 fois les mille de ce nombre; donc, pour multiplier 2456 par 7, il suffit de répéter 7 fois les différents ordres d'unités.

15. TROISIÈME CAS. — *Lorsque le multiplicande a plusieurs chiffres et le multiplicateur un seul chiffre suivi d'un*

ou de plusieurs zéros, on multiplie le multiplicande par ce chiffre et l'on écrit ensuite les zéros à la droite du produit.

Exemple 1 : Soit 428 à multiplier par 100, l'opération donne pour produit 42800.

En exposant les principes ou les conventions fondamentales de la numération écrite, il a été établi que, si l'on place un 0 à la droite d'un nombre, chacun des chiffres significatifs de ce nombre, reculant d'un rang vers la gauche, exprime alors des unités 10 fois plus grandes qu'auparavant, et le nombre devient lui-même 10 fois plus grand. De même, en plaçant deux zéros, on le rend 100 fois plus grand, puisque chaque chiffre significatif exprime des unités 100 fois plus fortes ; et ainsi de suite. En un mot, pour multiplier un nombre entier par 10, 100, 1000... il suffit d'écrire à sa droite 1, 2, 3... zéros. Ainsi les produits de 634 par 10, 100, 1000... sont 6340, 63400, 634000.

Réciproquement, un nombre terminé par 1, 2, 3... zéros peut être considéré comme le produit de la multiplication d'un nombre par 10, 100, 1000... Ainsi, 634000 peut être considéré comme étant le produit de la multiplication de 634 par 1000.

Exemple 2 : Soit 245 à multiplier par 30.

245 30 7350	Je multiplie 245 par 3, ce qui donne 735, puis j'écris un zéro à la droite, on a le nombre 7350 qui est le produit demandé.

En effet, si on avait écrit 245 ainsi qu'il suit :

245
245
245
...
...

30 fois de suite et qu'on eût effectué l'addition, on aurait 245 répété 30 fois. Or, 30 peut être considéré comme le produit de 3 multiplié par 10, et dès lors ces 30 nombres forment 10 groupes de 3 nombres égaux à 245 ; mais 3 nombres égaux à 245 font 3 fois 245,

produit que l'on peut former par la règle du 2e cas et qui est 735. En multipliant ce produit par 10, ce qui revient à placer un 0 à la droite, on trouvera 7350 pour le produit de 245 par 30.

16. QUATRIÈME CAS. — *Lorsque le multiplicande et le multiplicateur ont l'un et l'autre plusieurs chiffres, on écrit le multiplicande au-dessus du multiplicateur, comme si l'on voulait les additionner, puis l'on souligne le tout par un trait horizontal.*

Ensuite, commençant par la droite, on multiplie successivement tout le multiplicande par chaque chiffre du multiplicateur. On obtient autant de produits partiels qu'il y a de chiffres dans le multiplicateur. On les écrit les uns au-dessous des autres, de manière que le premier chiffre à droite de chaque produit partiel soit placé sous le chiffre du multiplicateur qui sert à le former. On tire un trait sous tous ces produits partiels et l'on en fait l'addition. Le résultat qu'on trouve est le produit des deux nombres proposés.

Exemple : Soit 8625 à multiplier par 346.

```
   8625
    346
-------
  51750
 34500
25875
-------
2984250
```

Je commence par la droite en disant : 6 fois 5, 30 ; je pose 0 sous le chiffre 6 du multiplicateur et je retiens 3 ; 6 fois 2, 12 et 3, 15 ; je pose 5 et je retiens 1 ; 6 fois 6, 36 et 1, 37, je pose 7 et je retiens 3 ; 6 fois 8, 48 et 3, 51, que j'écris.

Passant au deuxième chiffre du multiplicateur, je dis ; 4 fois 5, 20, je pose 0 sous les dizaines du multiplicateur, et je retiens 2 ; continuant, 4 fois 2, 8 et 2, 10 ; je pose 0 et je retiens 1 ; 4 fois 6, 24 et 1, 25 ; je pose 5 et je retiens 2 ; 4 fois 8, 32 et 2, 34, que j'écris.

Enfin, passant au troisième chiffre, je dis : 3 fois 5, 15 ; je pose 5 au rang des centaines et je retiens 1 ; 3 fois 2, 6 et 1, 7 ; je pose 7 : 3 fois 6, 18 ; je pose 8 et retiens 1 ; 3 fois 8, 24 et 1, 25, que j'écris.

Je tire un trait horizontal sous tous ces produits partiels, je les additionne et je trouve que le produit demandé est 2984250.

En effet, multiplier 8625 par 346, c'est, d'après la définition de la multiplication (page 52 n° 2), répéter 346 fois le nombre 8625, ou, ce qui revient au même, répéter 8625, d'abord 6 fois, puis 40 fois, puis enfin 300 fois, et faire la somme de ces trois produits partiels.

J'ai d'abord répété 6 fois le multiplicande 8625, d'après la règle (page 56, n° 14), ce qui donne 51750.

Ensuite, j'ai répété le multiplicande 8625 40 fois; pour cela j'ai multiplié 8625 par 4 et j'ai écrit un 0 à la droite du produit, d'après la règle du troisième cas (page 56, n° 15).

De même, pour répéter le multiplicande 8625 300 fois, j'ai multiplié ce nombre par 3 et j'ai écrit 2 zéros à la droite du produit d'après la même règle.

Si donc on fait la somme de ces trois produits partiels, on aura le produit demandé.

17. Lorsque le multiplicande ou le multiplicateur, ou même tous les deux, sont terminés par des zéros, on multiplie les deux nombres sans tenir compte des zéros; mais, quand on a obtenu le produit, on écrit à la droite autant de zéros qu'il y en a à la droite du multiplicande et du multiplicateur.

Exemple : Soit 42000
à multiplier par 6300

```
  42000
   6300
  -----
   126
  252
---------
264600000
```

En effet, pour multiplier 42000 par 6300, je multiplie d'abord par 100, ce qui donne 4200000; et dans l'addition de 63 nombres égaux à 4200000, les 5 zéros qui terminent ce nombre se retrouveront nécessairement au résultat.

18. Le produit d'une multiplication ne change pas, quel que soit l'ordre de ses facteurs, c'est-à-dire qu'on obtient le même résultat en mettant le multiplicande à la place du multiplicateur et réciproquement.

Pour démontrer ce principe, soient les deux nombres **5** et **7**, je dis que 5 fois 7 unités sont la même chose que 7 fois 5 unités. Pour avoir le nombre des unités qu'il y a dans 5 fois 7, j'écris sept fois le chiffre **1**, dans une ligne horizontale, et je place cinq de ces lignes au-dessous les unes des autres, comme il suit :

1111111
1111111
1111111
1111111
1111111

5 multiplié par 7 donne 35.

7 multiplié par 5
donne 35.

On peut considérer ce tableau comme formé de cinq lignes horizontales dont chacune contient 7 fois l'unité, ou comme formé de sept lignes verticales dont chacune contient 5 fois l'unité. Quand on compte les unités de ce tableau par ligne horizontale, on répète 7 cinq fois, c'est-à-dire qu'on multiplie 7 par 5. Quand on les compte par lignes verticales, on répète 5 sept fois, c'est-à-dire qu'on multiplie 5 par 7; et comme il est impossible de trouver un nombre différent d'unités suivant qu'on emploie une manière ou une autre de les compter, on est sûr que le produit de 7 par 5 est le même que celui de 5 par 7 ; donc, deux nombres entiers abstraits quelconques donnent le même produit en quelque ordre qu'on les multiplie.

Remarque. On se sert quelquefois de cette observation pour renverser l'ordre des facteurs, c'est-à-dire pour mettre le multiplicande à la place du multiplicateur, et réciproquement, lorsque l'on a un petit nombre à multiplier par un grand nombre. Dans le cours de l'opération, on multiplie alors le multiplicande et le multiplicateur comme des nombres abstraits, quand même ils seraient des nombres concrets; mais on a soin de donner au produit le nom des espèces d'unités du nombre qui devait être le multiplicande si l'on n'avait pas renversé l'ordre des facteurs.

19. *Remarque.* Lorsque dans une multiplication on rend l'un des facteurs du produit 2, 3, 4, 5.... fois plus grand, le produit est lui-même rendu autant de fois plus grand.

Soient les deux facteurs 8 et 6 dont le produit est 48. Si je multiplie 8 par 3 j'aurai une nouvelle multiplication 24 (8 × 3) × 6. Le nombre qu'il faut répéter 6 fois étant 3 fois plus grand que 8 donnera un nouveau produit 144, nécessairement 3 fois plus grand que 48.

Il en serait de même si je multipliais 8 par 18 (6 × 3); car alors le nombre de fois que je répéterais 8 étant 3 fois plus grand, le produit 144 serait encore 3 fois plus grand que 48.

Lorsque dans une multiplication on multiplie le multiplicateur par 2, 3, 4, 5, etc., et le multiplicande aussi par 2, 3, 4, 5, etc., le nouveau produit est égal au premier multiplié par le produit des deux nombres qui ont multiplié les facteurs.

En effet, si je multiplie 8 par 4 et 6 par 3, j'ai une nouvelle multiplication de 32 (8 × 4) par 18 (6 × 3). Le multiplicande étant 4 fois plus grand, le multiplicateur primitif 6 donnera un nouveau produit 192 qui sera 4 fois plus grand que 48. Si maintenant je multiplie 32, non plus par 6, mais par 18, j'aurai encore un nouveau produit 576 qui sera 3 fois plus grand que 192, lequel est déjà 4 fois plus grand que 48; donc 576 sera 12 (4 × 3) fois plus grand que 48.

20. On commence la multiplication par la *droite du multiplicande*, parce que la retenue de chaque produit partiel s'ajoute aisément au produit suivant, ce qui n'aurait pas lieu en commençant par la *gauche;* en effet, quand un produit partiel surpasserait 9 il faudrait en écrire les unités, et ajouter les dizaines au chiffre déjà obtenu par le produit précédent, et pour cela, les placer sous ce chiffre, ce qui occasionnerait une addition plus longue.

Voici au surplus une multiplication faite en commençant par la gauche du multiplicande :

```
   5473
    436
 -------
  30428
   241
  15219
   120
 20682
  121
 -------
2386228
```

21. On appelle *multiples* d'un nombre les produits de ce nombre par tous les nombres entiers. Ainsi, les multiples de 7 sont :

14, 21, 28, 35, 42, etc., etc.;

car ils ne sont autre chose que 7 × 2, 7 × 3, 7 × 4, etc.; ils sont évidemment en nombre infini.

22. La multiplication sert particulièrement,

1° A trouver la valeur de plusieurs choses de même espèce, quand on connaît la valeur de l'une d'elles ; ainsi le mètre de drap coûtant 20 fr., on demande combien coûteront 35 mètres ? Je multiplie 20 par 35 et je trouve que le prix de 35 m. est de 700 fr.

2° A convertir des unités d'une certaine espèce en unités d'une espèce plus petite. Par exemple, pour réduire les jours en heures, les heures en minutes. Ainsi l'heure valant 60 minutes, le jour 24 heures, on demande combien un jour vaut de minutes? Je multiplie 60 par 24 et je trouve 1440 minutes.

QUESTIONNAIRE.

Qu'est-ce que la multiplication ? 1. — N'existe-t-il pas une définition spéciale au cas où le multiplicateur est un nombre entier ? 2. — Quel nom donne-t-on au nombre qu'on multiplie ? 3. — Quel nom donne-t-on à celui par lequel on multiplie ? 4. — Quel nom donne-t-on au résultat de l'opération ? 5.— Comment indique-t-on le produit de deux nombres ? 6. — Comment nomme-t-on conjointement le multiplicande et le multiplicateur, et qu'entend-on en général par facteurs ? 7— Montrer que la multiplication, quand le multiplicateur est un nombre entier, n'est qu'une addition abrégée ? 8. — Quelles conséquences tirez-vous de la définition de la multiplication ? 9.— Combien la multiplication présente-t-elle de cas ? 10. — Comment trouve-t-on le produit quand le multiplicande et le multiplicateur n'ont qu'un seul chiffre ? 11.— Comment se forme la table de multiplication ? 12.— Quelle est la manière de s'en servir ? 13. — Comment fait-on la multiplication lorsque le multiplicande a plusieurs chiffres et le multiplicateur un seul ? 14.— Comment multiplie-t-on un nombre entier par 10, 100, 1000 ? — Comment fait-on la multiplication lorsque le multiplicande a plusieurs chiffres et le multiplicateur un seul suivi d'un ou de plusieurs zéros ? 15. — Comment fait-on la multiplication lorsque le multiplicande et le multiplicateur ont l'un et l'autre plusieurs chiffres ? 16.— Comment fait-on la multiplication lorsque le multiplicande et le multiplicateur sont terminés par des zéros ? 17.—Le produit d'une multiplication dépend-il de l'ordre de ses facteurs ? 18.— Quel changement fait-on subir à un produit, lorsque 1° on multiplie un de ses facteurs par un certain nombre ; 2° on multiplie en même temps chaque facteur par tel ou tel nombre ? 19. — Pourquoi commence-t-on la multiplication par la droite du multiplicande ? Ne pourrait-on pas l'effectuer en commençant par la gauche ? Le démontrer ? 20. — Qu'appelle-t-on multiples d'un nombre ? 21. — Quel est l'usage de la multiplication ? 22.

Exercices sur la multiplication des nombres entiers.

Effectuer les multiplications suivantes :

1)	8×2	6)	738×7
2)	9×3	7)	847×8
3)	7×4	8)	1926×9
4)	38×5	9)	7495×8
5)	549×6	10)	38649×9
11)	645×20	16)	84×26
12)	24594×40	17)	919×28
13)	78580×600	18)	9717×654
14)	89743×8000	19)	58675×789
15)	97827×70000	20)	298679×987

21)	674789×6745	26)	8000×89
22)	700479×7864	27)	90000×217
23)	909874×7098	28)	998000×360
24)	4974765×8096	29)	784000×9747
25)	6000947×90708	30)	99786500×8700

31) 409400×800 puis le résultat par 7846

32) 490800×900 puis le résultat par 6574

Problèmes sur la multiplication des nombres entiers.

1. Combien coûteront 31891 mètres de drap à 18 francs le mètre?

2. Que gagne-t-on en vendant à 7 francs le litre, 784 litres d'eau-de-vie qui ont coûté 3930 francs?

3. On a vendu 60 kilogrammes de marchandise pour 510 francs et l'on a gagné 2 francs par kilogramme. Combien avait coûté cette marchandise?

4. On a acheté 747 bouteilles de liqueur à 3 francs la bouteille, et l'on paie avec 247 mètres de toile à 7 francs. Combien doit-on encore?

5. Une machine fait faire 87 tours par seconde à une roue. Combien de tours fera-t-elle en 7 heures 3 minutes et 15 secondes.

6. Combien coûteront 7849 pièces de percale contenant chacune 75 mètres à 6 francs le mètre?

7. Deux marchands ont fait un échange : le premier a fourni 709 mètres de drap à 27 francs le mètre; le deuxième 1108 mètres de velours à 29 francs; pour combien chaque marchand a-t-il fourni, et quel est celui qui redoit à l'autre?

8. Un marchand de bois a acheté 9874 stères à 16 francs le stère; il en a revendu 4527 stères à 21 francs le stère, 3415 stères à 19 francs le stère, et le reste à 17 francs le stère. On demande ce qu'il a payé les stères, ce qu'il les a vendus, et quel a été son bénéfice?

9. Un homme est mort à 74 ans 5 mois 10 jours. Combien a-t-il vécu de jours, d'heures, de minutes, de secondes; l'année étant de 365 jours, le jour étant de 24 heures, l'heure de 60 minutes, la minute de 60 secondes?

10. Un cultivateur récolte 786 hectolitres de blé à 23 fr.

l'hectolitre, 568 hectolitres de seigle à 16 fr., 987 de pommes de terre à 8 francs. Quelle est la valeur totale de sa récolte?

11. Un convoi de chemin de fer se compose de 18 voitures; chaque voiture contient 4 compartiments et chaque compartiment peut recevoir 10 personnes. Combien de voyageurs le convoi peut-il recevoir?

12. Une rue a 782 mètres de longueur; chaque rangée transversale de pavés est composée de 68 pavés et 9 rangées forment un mètre de longueur de la rue. Combien celle-ci contient-elle de pavés?

13. Un omnibus fait 15 voyages dans sa journée; il transporte chaque fois en moyenne 90 voyageurs. Combien en aura-t-il transporté du 12 mars au matin au 18 avril au soir?

14. Un ouvrier charpentier gagne 5 francs par jour; il travaille en moyenne 354 jours par an. Combien a-t-il gagné en 18 ans?

15. Une plantation se compose de 98 rangées d'arbres; chaque rangée contient 169 arbres; chaque arbre coûte 3 fr., plus 1 fr. pour frais de plantation. Combien coûte toute la plantation?

16. Un ouvrage de 7 volumes contient 2[illegible]8 pages en moyenne par volume; chaque page renferme 32 lignes et chaque ligne 45 lettres. Combien tout l'ouvrage contient-il de lettres?

17. Un homme a vécu 58 ans 2 mois 3 jours et 4 heures. Sachant que l'année compte 12 mois de 30 jours chacun; que chaque jour est de 24 heures et chaque heure de 60 minutes; sachant enfin que le pouls de cet homme battait en moyenne 72 fois par minute; trouver combien de fois son pouls a battu pendant sa vie?

18. Une étoffe coûte 12 francs par mètre; on en possède 78 pièces de 25 mètres chacune. Combien coûte le tout?

DE LA MULTIPLICATION DES NOMBRES DÉCIMAUX.

1. *La multiplication des nombres décimaux a pour but, comme celle des nombres entiers, de chercher un nombre appelé produit qui soit formé avec le multiplicande comme le multiplicateur est formé avec l'unité.*

2. *On multiplie sans faire attention à la virgule, on sépare ensuite sur la droite du produit autant de chiffres décimaux qu'il y en a au multiplicande et au multiplicateur.*

3. La multiplication des nombres décimaux présente trois cas distincts.

Le premier cas est celui où le multiplicande seul a des chiffres décimaux.

Le second est celui où le multiplicateur seul en contient.

Dans le troisième, il y a des chiffres décimaux au multiplicande et au multiplicateur.

4. Premier cas. — *Le multiplicande seul a des nombres décimaux.*

Exemple : Soit à multiplier	8,15
par	6
Produit :	48,90

J'ai multiplié 8,15 par 6 sans avoir égard à la virgule, et j'ai séparé deux chiffres décimaux à la droite du produit.

D'après la définition de la multiplication, il s'agit ici de former mon produit avec 8,15 comme 6 a été formé avec 1; c'est-à-dire, de répéter 6 fois 8,15 ou 815 centièmes. En supprimant la virgule et en effectuant ensuite la multiplication, j'ai répété 6 fois 815 unités simples. Cela m'a donné 4890 unités simples. Il est évident que, si j'avais réellement répété 6 fois 815 centièmes, le produit aurait été 4890 centièmes. Donc le chiffre 0 exprime, non des unités simples, mais des centièmes; le chiffre 9 exprime des dixièmes; le chiffre 8 exprime des unités simples, et c'est à sa droite qu'il faut placer la virgule destinée à indiquer les chiffres décimaux.

5. Deuxième cas.— *Le multiplicateur seul a des chiffres décimaux.*

Exemple : Soit à multiplier 27
par 8,45

```
      27
     8,45
     ----
      135
     108
    216
   ------
Produit : 228,15
```

J'ai multiplié 27 par 8,45 sans avoir égard à la virgule et j'ai séparé deux chiffres décimaux à la droite du produit.

En effet, en négligeant la virgule dans le multiplicateur, on l'a multiplié par 100, le produit représente donc un nombre 100 fois trop grand; je lui rends sa véritable valeur en séparant deux chiffres décimaux sur la droite, précisément autant qu'il y en a dans le multiplicateur.

6. Troisième cas. — *Le multiplicande et le multiplicateur ont l'un et l'autre des chiffres décimaux.*

Exemple : soit à multiplier 4,34
par 7,6

```
      4,34
       7,6
     -----
      2604
     3038
    ------
Produit : 32,984
```

J'opère comme s'il n'y avait pas de virgules, et je sépare sur la droite du produit 3 chiffres, c'est-à-dire autant qu'il y en a au multiplicande et au multiplicateur.

En effet, en négligeant la virgule dans le multiplicande, je le multiplie par 100; donc le produit est, par là, rendu 100 fois trop grand; mais en négligeant la virgule dans le multiplicateur, je rends ce nouveau produit, déjà centuple du produit exact, encore 10 fois plus grand, il s'ensuit que le produit est en somme 10 fois 100 fois ou 1000 fois trop grand, parce que $100 \times 10 = 1000$. Or, je le ramène à sa juste valeur, en séparant sur la droite 3 chiffres décimaux.

7. Lorsque le multiplicateur ne contient que des dé-

cimales, il est évident que le produit sera plus petit que le multiplicande, puisque, d'après le principe, page 54, n° 3, on ne prend qu'une partie de ce multiplicande.

Exemple : Soit à multiplier 4,80
par 0,25

2400
960

Produit : 1,2000

La démonstration est la même que celle du cas précédent.

Remarque. *Si le produit présente moins de chiffres qu'il ne faut séparer de décimales, on écrit un nombre suffisant de zéros à sa gauche, puis on place la virgule en suivant la règle.*

Exemple : Soit à multiplier 0,057
par 0,006

Produit : 0,000342

Je multiplie comme s'il s'agissait de 57 à multiplier par 6, mais le produit 342 n'ayant que 3 chiffres, comme il en faut séparer 6, j'écris 3 zéros à la gauche de 342, ensuite la virgule, puis enfin un 0 pour tenir la place des unités entières.

En effet, en supprimant les virgules, chaque facteur a été multiplié par 1000, donc le produit l'a été par 1 million ; il faut donc séparer 6 chiffres décimaux, afin de le ramener à sa véritable valeur.

QUESTIONNAIRE.

Qu'est-ce que la multiplication des nombres décimaux? 1. — Comment se fait la multiplication des nombres décimaux? 2. — Combien de cas présente la multiplication des nombres décimaux? 3. — Donnez, en les démontrant, un exemple des trois cas ? 4, 5, 6. — Dans quel cas le produit de deux nombres est-il plus petit que le multiplicande? 7.

Exercices sur la multiplication des nombres décimaux.

1) 8,25×72
2) 19,40×98
3) 578,57×294
4) 4789,30×767
5) 5,00945×4543
6) 9,74078×6745
7) 743×71,29
8) 9475×36,08
9) 25619×349,005
10) 16567×548,098
11) 95658×672,0703
12) 24,75×67,38
13) 276,84×319,05
14) 4519,05×789,094
15) 0,2746×94,074
16) 0,0087×5,984
17) 0,95467×0,07453
18) 0,00845×0,7453
19) 0,45041×0,0048
20) 3474,005×6,9874
21) 0,000001×0,00001
22) 0,000875×0,000138

Problèmes sur la multiplication des nombres décimaux.

1. On a acheté 275 mètres de velours à 12 fr., 85 le mètre. Quel est le prix total?

2. Quel est le prix de 445 mètres, 25 de percale à 13 francs le mètre ?

3. Quel est le prix de 15910 litres, 75 de vin, à 2 fr., 82 c. le litre?

4. L'air pèse 770 fois moins que l'eau, et le mercure 13 fois, 598 millièmes de fois plus que l'eau. Combien de fois le mercure pèse-t-il plus que l'air?

5. Un homme dépense 3 fr., 25 par jour pour sa nourriture, 35 fr., 75 par mois pour son logement, par an 575 fr., 80 pour ses habits, et 155 francs pour ses menues dépenses. Quelle est sa dépense totale?

6. Un kilogramme de chocolat coûte 4 fr., 25. Combien coûteront 9 kilogr. 758 gr.

7. 0 kilogr., 567 gr. de sucre ont coûté 1 fr. Combien aura-t-on de sucre avec 47 fr., 15?

8. Un litre de liqueur coûte 5 fr., 30. Combien coûteront 0 lit., 25 centil. ?

9. Un degré du thermomètre centigrade vaut 0 degré, 8 du thermomètre de Réaumur. Combien 18 degrés centigrades vaudront-ils de degrés Réaumur ?

10. 1 degré de Réaumur vaut 1 degré, 25 centigrades. Combien 24 degrés, 6 de Réaumur vaudront-ils de degrés centigrades?

11. On demande le prix d'un champ de 5 hectares 62 ares 29 centiares, à 2518 francs l'hectare?

12. Quel est le prix de 4791 kilogr. 25 décag. de marchandises à 2 fr., 40 l'hectog.?

13. Le poids d'un litre d'huile étant de 0 kilog. 915 gr., combien pèseront 0 lit., 75 centilitres?

14. Pour quelle somme aurai-je 0,35 centimètres de ruban à 0, 40 centimes le mètre?

15. Pour faire un ouvrage on a employé 718 ouvriers pendant 127 jours. Quelle somme faudra-t-il payer si chaque ouvrier gagne 2 fr , 85 par jour?

16. Un marchand a acheté : 1° 25 pièces de vin contenant chacune 158 lit., 25 centil. à 30 fr., 10 l'hect. ; 2° 18 pièces de 210 lit., 09 chacune à 3 fr., 80 le décal.; 3° 14 pièces de 257 lit. à 0 fr., 27 c. le décil.; 4° une pièce d'eau-de-vie pour 380 francs. On demande combien coûte le tout?

17. Un terrain situé sur le boulevard des Italiens, à Paris, s'est vendu 4750 francs le mètre carré. Combien cela fait-il l'are et l'hectare?

18. Quel est le prix de 14 stères, 8 décist. de bois à 0 fr., 0145 le décimètre cube?

19. Quel est le poids de 345 fr., 20 en argent monnayé?

20. Une maison contient 38 fenêtres, chaque fenêtre contient 6 carreaux de vitre; chaque vitre coûte 0 f., 85 de verre et 0 f., 15 de pose. Combien a-t-on dépensé pour vitrer toutes les fenêtres?

DE LA DIVISION DES NOMBRES ENTIERS.

1. *La division est une opération qui a pour but, connaissant un produit appelé dividende, et l'un de ses facteurs qu'on nomme diviseur, de retrouver l'autre facteur, nommé le quotient de la division.*

2. Il résulte de cette définition que, lorsque le quotient cherché est un nombre entier, il exprime combien de fois on a répété le diviseur pour obtenir le dividende; ou, en d'autres termes, *combien de fois le diviseur est contenu dans le dividende;* ou encore *com-*

bien de parts égales au diviseur on peut faire dans le dividende.

3. D'une autre part, comme le produit ne change pas lorsque l'on intervertit l'ordre des facteurs, on peut indifféremment considérer le diviseur comme multiplicande ou comme multiplicateur. Si le diviseur est entier et si on le regarde comme ayant été le multiplicateur, le dividende a été formé en répétant le quotient autant de fois que le diviseur contient d'unités. La division a eu alors pour résultat de *partager le dividende en autant de parties égales que le diviseur contient d'unités et de trouver la valeur d'une de ces parties.*

4. Le *dividende* est le nombre qui doit être divisé.

5. Le *diviseur* est celui par lequel on divise.

6. Le résultat de cette opération s'appelle *quotient.*

7. Pour indiquer le quotient de deux nombres, on écrit le diviseur sous le dividende en le séparant par le signe — qu'on énonce *divisé par*, ou bien on écrit le diviseur à la droite du dividende en les séparant par *deux points;* ainsi, pour indiquer le quotient de 8 par 4, on écrit $\frac{8}{4}$ ou 8 : 4, qu'on énonce 8 *divisé par* 4.

8. De même que la multiplication des nombres entiers peut s'effectuer par l'*addition,* c'est-à-dire en ajoutant plusieurs fois à lui-même un nombre quelconque, de même on pourrait trouver le quotient d'une division de deux nombres entiers par une série de soustractions.

En effet, qu'il s'agisse de diviser 20 par 4, puisque, d'après la définition de la division, le diviseur multiplié par le quotient doit donner pour résultat le dividende, autant de fois on pourra soustraire 4 de 20, autant de fois 4 sera contenu dans 20.

20	
4	
16	1er reste
4	
12	2me reste
4	
8	3me reste

Ainsi, le quotient est égal au nombre de soustractions que l'on peut faire avant que le dividende soit épuisé.

4	
4	4me reste
4	
0	5me reste

Dans cet exemple, comme on est obligé de faire 5 soustractions successives, il s'ensuit que le quotient est 5. Mais cette manière de faire la division serait trop longue dans la pratique, surtout si le dividende était très-grand relativement au diviseur : l'art d'abréger l'opération est l'objet de la *division proprement dite.*

9. Dans la division, comme dans la multiplication, nous distinguerons quatre cas :

Le premier cas est celui où le diviseur n'ayant qu'un chiffre, et le dividende étant plus petit que 10 fois le diviseur, le quotient n'a qu'un seul chiffre. (Exemple : 24:8 = 3.)

Le deuxième cas est celui où le diviseur n'ayant encore qu'un chiffre, et le dividende étant plus grand que 10 fois le diviseur, le quotient a plusieurs chiffres. (Exemple : 1458 : 6 = 243.)

Le troisième cas est celui où le diviseur ayant plusieurs chiffres, et le dividende étant plus petit que 10 fois le diviseur, le quotient n'a qu'un seul chiffre. (Exemple : 1215 : 243 = 5.)

Le quatrième cas, enfin, est celui où le diviseur ayant plusieurs chiffres, et le dividende étant plus grand que 10 fois le diviseur, le quotient a plusieurs chiffres. (Exemple : 39375 : 315 = 125.)

10. PREMIER CAS. — Le diviseur n'a qu'un chiffre, le dividende est plus petit que 10 fois le diviseur, le quotient n'a qu'un chiffre. Alors la connaissance de la table de multiplication suffit pour trouver le quotient.

Exemple : 24 divisé par 8 donne 3 pour quotient; car c'est par 3 qu'il faut multiplier 8 pour avoir 24. Ceci est indiqué par la table de multiplication. Pareillement 35 : 7 = 5. — 54 : 9 = 6.

11. Deuxième cas. — Le diviseur n'a qu'un seul chiffre, le dividende est plus grand que 10 fois le diviseur, le quotient a plusieurs chiffres.

Voici comment on dispose l'opération :

On écrit le diviseur à la droite du dividende, en le séparant par un trait vertical, on tire un trait horizontal sous le diviseur, et l'on écrira au-dessous le quotient qu'on trouvera. On prend ensuite assez de chiffres à la gauche du dividende pour former une partie capable de contenir une fois au moins, mais pas plus de neuf fois, le diviseur. On cherche combien cette partie du dividende, qu'on appelle premier dividende partiel, contient de fois le diviseur; ce nombre de fois est le premier chiffre du quotient, et il en représente les plus hautes unités. On multiplie le diviseur par ce chiffre, et l'on retranche le produit du dividende partiel. A côté du reste, on abaisse le chiffre suivant du dividende, ce qui forme le second dividende partiel, sur lequel on opère comme sur le premier, et l'on continue ainsi de suite jusqu'à ce que l'on ait abaissé tous les chiffres du dividende.

Si, dans le cours de l'opération, un dividende partiel ne contient pas le diviseur, on met 0 au quotient, afin de conserver aux autres chiffres leurs valeurs relatives. On abaisse à la droite de ce dividende partiel le chiffre suivant du dividende, et l'on continue l'opération.

Si la dernière soustraction donne un reste, on le nomme le reste de la division. On dit alors que le diviseur ne divise pas exactement le dividende.

Exemple : Diviser 2274 par 6.

```
Opération :   2274 | 6
              18     379
              --
               47
               42
               --
                54
                54
                --
                00
```

Je prends deux chiffres sur la gauche du dividende et je dis : en 22 combien de fois 6? Il y est 3 fois; j'écris 3 sous le diviseur 6; 3 fois 6 font 18, 18 de 22, il reste 4. A la droite de 4, j'abaisse le chiffre suivant 7; en 47 combien de fois 6? il y est 7 fois; 7 fois 6 font 42, 42 de 47, il reste 5. A la droite de 5, j'abaisse le chiffre suivant 4; en 54 combien de fois 6? il y est 9 fois, 9 fois 6 font 54, 54 de 54, il reste 0. Le quotient de 2274 par 6 est 379.

En effet, puisque le diviseur multiplié par le quotient doit donner le dividende, il s'ensuit que, selon que je multiplie le diviseur par un nombre plus petit ou plus grand que le quotient, je trouverai un produit plus petit ou plus grand que le dividende. Or, 6 multiplié par 100 donne 600, nombre inférieur à 2274; mais 6 multiplié par 1000 donne 6000, nombre supérieur à 2274. Ainsi le quotient est compris entre 100 et 1000, donc il a 3 chiffres. Puisque le quotient a 3 chiffres, le dividende 2274 est la somme des produits du diviseur par le chiffre des centaines, des dizaines et des unités du quotient. Or, le produit du diviseur par le chiffre des centaines du quotient ne peut donner que des centaines qui se trouvent évidemment dans les 22 centaines du dividende. Ces 22 centaines peuvent contenir d'autres centaines provenant des produits partiels du diviseur par les dizaines et par les unités du quotient; *je dis que le plus grand multiple du diviseur contenu dans les centaines du dividende est le produit du diviseur par le chiffre des centaines du quotient.* Ainsi, le plus grand multiple de 6 contenu dans 22 est 18 ou 6×3, le chiffre des centaines du quotient est 3. — Ce chiffre n'est pas trop fort, car 3 centaines multiplié par 6 ou 300 fois 6 font 1800, nombre inférieur à 2274; ce chiffre n'est pas trop faible, car 4 centaines multiplié par 6 ou 400 fois 6 font 2400, nombre supérieur à 2274.

Si on retranche du dividende le produit du diviseur par les centaines du quotient, le reste, 4 centaines, contient les produits partiels du diviseur par les dizaines et par les unités du quotient. Or, le produit du diviseur par les dizaines du quotient ne peut donner que des dizaines qui se trouvent évidemment dans les 47 dizaines du dividende restant : *je dis que le plus grand multiple du diviseur contenu dans les dizaines du dividende restant est le produit du diviseur par le chiffre des dizaines du quotient.* Ainsi, le plus grand multiple de 6 contenu dans 47 est 42 ou 6×7, il s'ensuit que 7 est le chiffre des dizaines du quotient; cela peut se démontrer comme pour le chiffre des centaines du quotient.

Si on retranche du dividende restant 47 le produit du diviseur par les dizaines du quotient, le second dividende restant 54 contient encore le produit du diviseur par le chiffre des unités du quotient. Ce chiffre est 9. Si on retranche du second dividende restant 54 le produit du diviseur par les unités du quotient, il ne reste rien. Donc le quotient de la division des deux nombres proposés est 300+70+9 ou 379.

12. Dans la pratique, toutes les fois que le diviseur n'est que d'un seul chiffre, on opère d'une manière plus simple.

Soit encore à diviser 2274 par 6.

On dispose plus ordinairement l'opération de la manière suivante :

$$\frac{2274}{6} = 379.$$

On dit le 6e de 22 centaines est 3 pour 18, et il reste 4 centaines qui valent 40 dizaines; 40 et 7 font 47 dizaines, le 6e de 47 dizaines est 7 pour 42, et il reste 5 dizaines qui valent 50 unités; 50 et 4 font 54 unités, le 6e de 54 unités est 9 unités; le quotient est 379.

13. Il pourrait arriver qu'un dividende partiel fût plus petit que le diviseur, par exemple, si l'on avait à diviser 2448 par 8, on dirait :

```
2448 | 8
24   |306
----
 048
  48
 ---
   0
```

Après avoir trouvé 3 pour le premier chiffre du quotient, et 0 pour premier reste, j'abaisse le chiffre suivant 4 du dividende ; 4 est donc le second dividende partiel qui représente des dizaines et qui doit contenir le produit du diviseur par les dizaines du quotient Or, comme ce dividende partiel est plus petit que le diviseur, il est évident que le quotient n'a pas de dizaines, puisque, s'il y en avait seulement une, son produit par 8 devrait pouvoir être soustrait du dividende partiel 4; ce qui est impossible. Je mets 0 au quotient afin de conserver au chiffre 3 la valeur qu'il doit avoir, et j'abaisse à côté de 4 le chiffre suivant 8 du dividende ; on continue l'opération ; en 48 combien de fois 8? Il y est 6 fois, 6 fois 8 font 48; 48 de 48 il reste 0. Le quotient cherché est 306.

14. TROISIÈME CAS. — Le diviseur a plusieurs chiffres, le dividende étant plus petit que 10 fois le diviseur, le quotient n'a qu'un chiffre.

Exemple : Diviser 2952 par 492.

2952 | 492
3444 | 7 *Chiffre trop fort.*

2952 | 492
2460 | 5 *Chiffre trop faible.*
492

2952 | 492
2952 | 6 *Chiffre exact.*
0000

Le quotient n'aura qu'un chiffre, car si je multiplie le diviseur 492 par 10, j'obtiens pour résultat 4920, nombre plus grand que le dividende 2952. Pour déterminer ce chiffre, je divise par le premier chiffre du diviseur le premier ou les deux premiers du dividende, selon que le dividende a autant de chiffres ou un chiffre de plus que le diviseur, et l'on a le véritable chiffre ou un chiffre *trop fort.*

On découvre bientôt ce chiffre à l'aide de quelques *tâtonnements.*

Ainsi, dans l'exemple ci-dessus, j'ai comparé les 4 centaines du diviseur avec les 29 centaines du dividende et j'ai dit : en 29 combien de fois 4 ? 7 fois. Avant de poser le chiffre 7 au quotient, j'ai multiplié le diviseur par ce chiffre, j'ai trouvé pour produit 3444, nombre plus grand que le dividende ; j'en conclus que le chiffre 7 est trop fort, puisque la soustraction n'est pas possible ; j'essaie de même le chiffre 5, en multipliant le diviseur par ce chiffre, je trouve pour produit 2460, et pour reste 492, ce reste, qui est égal au diviseur, indique que le chiffre porté au quotient est trop faible. Je pose donc 6 au quotient. Le diviseur multiplié par 6 donne exactement le dividende 2952, je trouve que le quotient est 6.

15. De ce que nous avons dit pour effectuer la division du 3e cas, il résulte :

1° Qu'un chiffre mis au quotient est *trop fort* lorsque le produit du diviseur par ce chiffre ne peut être retranché du dividende ;

2° Qu'un chiffre mis au quotient est *trop faible* quand le reste de la soustraction est plus grand que le diviseur ou égal au diviseur.

3° Qu'un chiffre mis au quotient est *exact* lorsque le produit du diviseur par ce chiffre peut être retranché du dividende, et que le reste, s'il y en a un, est moindre que le diviseur.

16. Quatrième cas. — Le diviseur a plusieurs chiffres, le dividende étant plus grand que 10 fois le diviseur, le quotient a plusieurs chiffres.

La règle que nous avons donnée pour diviser un nombre de plusieurs chiffres par un nombre d'un seul chiffre est applicable au quatrième cas de la division.

(Voir page 73, n° 11.)

Exemple : Diviser 138676 par 642.

```
Opération :  138676 | 642
                    |-----
             1284     216
             ----
              1027
               642
              ----
               3856
               3852
               ----
                  4
```

Je prends sur la gauche du dividende autant de chiffres qu'il en faut pour contenir le diviseur, et je dis : en 1386 combien de fois 642 ? Il y est 2 fois. Je multiplie le diviseur par 2 ; le produit donne 1284 que j'écris sous le 1er dividende partiel 1386 ; j'effectue la soustraction, il reste 102 ; à côté de ce reste j'abaisse le chiffre suivant 7, ce qui forme le second dividende partiel qui est 1027. Je continue : en 1027 combien de fois 642 ? Il y est 1 fois ; multipliant le diviseur par 1, j'ai pour produit le diviseur lui-même ; je retranche 642 de 1027, il reste 385. J'abaisse le chiffre suivant 6 ; en 3856 combien de fois 642 ? Il y est 6 fois ; 6 fois 642 font 3852, 3852 de 3856, il reste 4. Ainsi, le quotient de 138676 par 642 est 216, avec un reste 4.

La démonstration est la même que pour le deuxième cas.

17. On peut abréger la division, en négligeant d'écrire sous chaque dividende partiel le produit du diviseur par le quotient, et en faisant la soustraction à mesure que l'on multiplie chaque chiffre du diviseur par le chiffre correspondant du quotient.

Exemple : Soit encore 138676 à diviser par 642.

```
Opération :  138676 | 642
                    |-----
              1027    216
               3856
                  4
```

Je prends à la gauche du dividende 4 chiffres, je divise 1386 par 642 ou 13 par 6, et j'ai 2 au quotient. Je dis ensuite : 2 fois 2 font 4, de 6 reste 2 ; 2 fois 4 font 8, de 8 reste 0; 2 fois 6 font 12, de 13 reste 1. A la droite de ce reste 102 j'abaisse le chiffre suivant 7; je divise 1027 par 642 ou 10 par 6, j'obtiens 1 pour quotient et je dis 1 fois 2 de 7 reste 5 ; 1 fois 4, de 12 reste 8 et je retiens 1 ; 1 fois 6 et 1 font 7, de 10 reste 3. A la droite de 385, j'abaisse le chiffre suivant 6, je divise 3856 par 642 ou 38 par 6, j'obtiens 6 pour quotient et je dis 6 fois 2 font 12, de 16 reste 4 et je retiens 1 ; 6 fois 4 font 24 et 1 font 25, de 25 reste 0 et je retiens 2 ; 6 fois 6 font 36 et 2 font 38, de 38 reste 0.

18. *Remarque.* Lorsque dans une division on rend le dividende 2 fois, 3 fois, 4 fois... plus grand, *le diviseur restant le même,* le quotient devient 2 fois, 3 fois, 4 fois... plus grand.

En effet, le nombre à partager étant 2 fois, 3 fois, 4 fois... plus grand, chacune des parties exprimées par le quotient sera 2 fois, 3 fois, 4 fois... plus grande.

Lorsque dans une division on rend le diviseur 2 fois, 3 fois, 4 fois... plus grand, *le dividende restant le même*, le quotient devient 2 fois, 3 fois, 4 fois... plus petit.

En effet, le nombre des parties que l'on doit faire devenant 2 fois, 3 fois, 4 fois... plus grand, chacune des parties sera 2 fois, 3 fois, 4 fois plus petite.

De même, lorsque dans une division on rend le dividende 2 fois, 3 fois, 4 fois... plus petit, *le diviseur restant le même,* le quotient devient 2 fois, 3 fois, 4 fois... plus petit.

En effet, le nombre à partager étant 2 fois, 3 fois, 4 fois... plus petit, chacune des parties exprimées par le quotient sera 2 fois, 3 fois, 4 fois... plus petite.

Lorsque dans une division on rend le diviseur 2 fois, 3 fois, 4 fois... plus petit, *le dividende restant le même,* le quotient devient 2 fois, 3 fois, 4 fois... plus grand.

En effet, le nombre de parties que l'on doit faire devenant 2 fois, 3 fois, 4 fois... plus petit, chacune des parties exprimées par le quotient sera 2 fois, 3 fois, 4 fois... plus grande.

D'où il suit *que le quotient d'une division ne change pas, si l'on multiplie ou si l'on divise, à la fois, le dividende et le diviseur par un même nombre.*

Soit, en effet, un dividende 108 et un diviseur 18 ; le quotient est 6. Si je multiplie 108 par 2, j'ai 216, qui étant 2 fois plus grand contient 2 fois de plus 18, le nouveau quotient est donc 12. Mais si, dans cette nouvelle division de 216 par 18, je multiplie 18 aussi par 2, j'ai une troisième division de 216 par 36. Comme 36 est 2 fois plus grand que 18, 216 le contient 2 fois moins ; c'est-à-dire, 6 fois au lieu de 12. Donc le quotient de 216 (108 × 2) divisé par 36 (18 × 2) est le même que celui de 108 divisé par 18.

19. De là, on tire la conséquence que, si le dividende et le diviseur sont terminés par des zéros, on peut, dans la recherche du quotient, supprimer un nombre égal de zéros à la droite de ces deux nombres sans altérer le résultat de l'opération.

Exemple : Soit à diviser 240000 par 6000.

```
240000|6000
      |-----
00     40
```

Je supprime trois zéros dans les deux nombres, et je divise 240 par 6, ce qui donne 40 pour quotient.

En effet, en supprimant dans le dividende et le diviseur trois zéros, je divise à la fois les deux nombres par 1000 ; par conséquent, d'après le principe ci-dessus, le quotient ne doit pas changer.

20. Lorsque dans une multiplication on rend l'un des facteurs du produit 2, 3, 4, 5..... fois plus petit, le produit est rendu autant de fois plus petit.

Soit 24 × 8 = 192. Si je divise 24 par 4, j'ai une nouvelle multiplication : 6 × 8 = 48. Comme le nombre que j'ai répété 8 fois est 4 fois plus petit, le produit 48 est 4 fois plus petit que 192.

Lorsque l'on divise à la fois le multiplicande par un nombre et le multiplicateur par un autre nombre, le produit est divisé par leur produit.

Soit encore $24 \times 8 = 192$. Si je divise 24 par 4, j'ai: $6 \times 8 = 48$, et 48 est égal à 192 divisé par 4. Si maintenant je divise en outre 8 par 2, j'ai $6 \times 4 = 24$, et 24 est égal à 48 divisé par 2. Comme 48 était déjà égal à 192 divisé par 4, 24 est égal à 192 divisé par 8 (4×2).

21. On commence la division par la *gauche* parce que le dividende étant la somme des produits partiels du diviseur par les *unités*, *dizaines*, *centaines*, etc., du quotient, tous ces produits partiels sont fondus ensemble ; et il n'est pas possible de mettre d'abord en évidence le produit du diviseur par les unités, le produit par les dizaines, etc.; tandis qu'en suivant le procédé indiqué, on parvient, sinon à découvrir tout à fait le produit par les *unités les plus fortes*, au moins à déterminer dans quelle partie du dividende il se trouve.

22. On appelle *diviseurs* d'un nombre les nombres qui sont contenus un nombre exact de fois dans le nombre proposé. Celui-ci est alors un *multiple* de son *diviseur*.

Ainsi les diviseurs de 12 sont :

2, 3, 4 et 6.

et 12 est un multiple de 2, de 3, de 4 et de 6.

Les diviseurs d'un nombre sont évidemment limités.

Usages de la division.

23. La division est souvent employée 1° à chercher combien de fois un nombre entier contient un autre nombre entier plus petit; 2° à partager un nombre donné en parties égales, le nombre des parties étant connu ; 3° à trouver le prix d'une chose quand on connaît le prix de plusieurs choses de même valeur ; 4° à trouver le nombre d'objets de même valeur quand on connaît leur prix et celui d'un seul; 5° à convertir

des unités d'une certaine espèce en unités plus grandes de la même espèce.

Comment trouve-t-on le nombre de fois qu'un nombre entier contient un autre nombre entier plus petit?

Il faut diviser le plus grand nombre par le plus petit.

Exemple : Combien de fois le nombre 63570 contient-il 978?

Je divise 63570 par 978. Je trouve 65. En effet, en multipliant le plus petit nombre par le nombre de fois trouvé, je reproduis le plus grand nombre. Donc le quotient de 63570 par 978 est 65

Comment partage-t-on un nombre donné en parties égales, quand le nombre des parties est connu?

On divise le nombre à partager par le nombre des parties; le quotient est l'une des parties.

Exemple : Partager 3450 fr. entre 150 personnes.

On veut partager 3450 fr. en 150 parties égales; c'est donc une division à faire. Je divise, suivant la règle, 3450 fr. par 150; le quotient 23 est la part de chaque personne.

Comment trouve-t-on le prix d'une chose quand on connaît le prix total de plusieurs choses de même valeur ?

Il faut diviser le prix total par le nombre des choses, et le quotient est le prix d'une seule chose.

Exemple : Combien coûte 1 mètre d'étoffe si 150 mètres ont coûté 3450 fr.?

On demande le prix d'une chose et l'on connaît le prix de 150 choses; une seule coûtera 150 fois moins. Je divise, suivant la règle, 3450 fr., prix total, par 150, nombre de mètres; le quotient 23 fr. est le prix de 1 mètre d'étoffe.

Comment trouve-t-on le nombre d'objets de même valeur, quand on connaît le prix total et celui d'un seul?

Il faut diviser leur prix total par le prix d'un objet ; le quotient est le nombre d'objets.

Exemple : Combien a-t-on acheté de mètres d'étoffe avec 3450 fr., si le mètre a coûté 23 fr.?

On demande le nombre d'objets de même valeur, et l'on connaît leur prix total et celui d'un seul; il y a autant d'objets que le prix total contient de fois le prix d'un seul. Je divise, suivant la règle, 3450 fr., prix total, par 23 fr., prix d'un mètre; le quotient 150 est le nombre de mètres achetés.

Comment change-t-on les quantités dont un nombre se compose en unités plus fortes de la même espèce.

On divise le nombre donné par le nombre qui exprime combien de fois la plus grande unité contient l'autre.

Exemple : Exprimer 5400 heures en jours; le jour contient 24 heures; il y a autant de jours que 5400 heures contiennent de fois 24 heures. Je divise 5400 par 24 et j'ai 225 jours.

QUESTIONNAIRE

Qu'est-ce que la division ? 1.— Peut-on dans certains cas changer la forme de cette définition? 2, 3. — Qu'est-ce que le dividende? 4. — Qu'est-ce que le diviseur? 5. — Comment s'appelle le résultat de l'opération? 6.— Comment indique-t-on la division de deux nombres? 7. — Peut-on trouver le quotient de la division de deux nombres à l'aide de soustractions successives? 8.— Combien distingue-t-on de cas dans la division? 9. — Comment effectue-t-on la division dans le premier cas? 10. — Comment se fait la division, lorsque le diviseur n'a qu'un chiffre, le dividende étant plus grand que 10 fois le diviseur? 11. — Comment opère-t-on dans la pratique, lorsque le diviseur n'a qu'un chiffre? 12. — Que faut-il faire lorsque, dans le cours d'une division, un dividende partiel ne contient pas le diviseur? 13. — Comment divise-t-on par un nombre de plusieurs chiffres un nombre plus petit que 10 fois le diviseur? 14. — Comment reconnaît-on qu'un chiffre mis au quotient est ou trop fort, ou trop faible, ou est exact? 15. — Comment fait-on la division dans le quatrième cas? 16. — Peut-on abréger la division? 17. — Que devient le quotient quand on multiplie ou quand on divise le dividende, le diviseur restant le même? 18. — Que devient le quotient si on multiplie ou si on divise le diviseur, le dividende restant le même? 18. — Que devient le quotient si on multiplie ou si on divise, à la fois, le dividende et le diviseur par un même nombre? 18. — Comment abrége-t-on la division dans le cas où le dividende et le diviseur sont tous les deux terminés par des zéros? 19. — Que devient un produit lorsqu'on divise un des facteurs par un nombre? 20. — Que devient un produit lorsqu'on divise en même temps le multiplicande par un certain nombre et le multiplicateur par un certain nombre? 20. — Pourquoi commence-t-on la division par la gauche quand toutes les opérations s'effectuent de droite à gauche? 21. — Qu'appelle-t-on diviseurs d'un nombre? 22. — Quels sont les usages de la division? 23

Exercices sur la division des nombres entiers.

Diviser :

1)	18	par	2	9)	442	par	2
2)	21	par	3	10)	5451	par	3
3)	32	par	4	11)	14784	par	4
4)	35	par	5	12)	79415	par	5
5)	48	par	6	13)	504510	par	6
6)	49	par	7	14)	542178	par	7
7)	64	par	8	15)	887568	par	8
8)	72	par	9	16)	987561	par	9
17)	453	par	72	22)	25764	par	7456
18)	5679	par	678	23)	58639	par	6734
19)	6824	par	729	24)	98714	par	9971
20)	9027	par	978	25)	170819	par	49513
21)	8671	par	894	26)	279537	par	58612
27)	7487	par	213	32)	4759874	par	794
28)	17908	par	435	33)	9874573	par	598
29)	28649	par	534	34)	7474789	par	7896
30)	748946	par	793	35)	98453208	par	8674
31)	874623	par	4786	36)	998745309	par	7869

Problèmes sur la division des nombres entiers.

1 Quel sera le prix d'une pièce de mousseline, si 6924 pièces ont coûté 200796 francs?

2. Combien aura-t-on de kilog. d'une marchandise qui coûte 37 fr. le kilog., avec 10915 fr.?

3. On paie 1558 fr. une caisse de thé qui pèse 82 kilog.

On sait que la caisse vide pèse 7 kilog. A combien revient le kilog. de thé?

4. Une personne a 2910 fr. de revenu par an. Elle veut économiser 60 fr. par mois. On demande ce qu'elle peut dépenser par jour?

5. On veut partager 2716144 fr. entre 25624 personnes. Quelle est la part de chacune?

6. La distance de la terre au soleil est de 153624000 kilomètres, la lumière de cet astre nous parvient en 8 minutes 13 secondes. Combien parcourt-elle de kilom. par seconde?

7. Un cultivateur a vendu un troupeau de moutons 19684 fr.; de combien de moutons se composait le troupeau, s'il les a vendus l'un dans l'autre 37 fr.?

8. Combien y a-t-il d'années dans 673425 jours?

9. La population de la France est de 34999570 habitants, et sa superficie de 527686 kilomètres carrés. Combien y a-t-il d'habitants par kilomètre?

10. Un vigneron a récolté 387 hectolitres 9 litres de vin. Combien a-t-il récolté de pièces de 187 litres chacune?

11. Une propriété de 25 hectares a été vendue 80250 fr. A combien revient l'hectare, ou l'are, ou le centiare?

12. On demande de partager 60000 fr. entre trois personnes, de manière que la première ait le double de la seconde, et la seconde le triple de la troisième. Quelle est la part de chaque personne?

13. On demande de partager 18000 fr. entre 2 personnes, de manière que la première ait 4000 fr. de plus que la seconde.

14. Combien aura-t-on de mètres de soie, à 15 fr. et à 13 fr. le mètre pour 952 fr., si on prend autant de soie de la 1re qualité que de la 2e?

15. On a acheté 28 chevaux pour 1174 francs. Combien coûte chaque cheval en moyenne?

16. Dans une compagnie de 84 soldats on distribue 40572 grammes de viande. Combien chaque soldat en reçoit-il?

17. On répartit entre 248 personnes une somme de 78120 fr. Combien donne-t-on à chacune?

18. Un convoi transporte 288 voyageurs; il renferme 12 voitures à 4 compartiments. Combien y a-t-il en moyenne de voyageurs par compartiments?

19. Combien gagne par jour un ouvrier qui travaille 314 jours par an et gagne en un an 2198 fr.?

20. Combien y a-t-il d'heures en un mois de 30 jours, sachant que l'heure contient 60 minutes et le jour 24 heures?

QUOTIENTS ÉVALUÉS EN DÉCIMALES.

1. Les fractions décimales fournissent le moyen d'approcher autant qu'on veut de la valeur d'un quotient qu'on ne peut avoir exactement en nombre entier.

Exemple : Soit à diviser 33 par 7.

```
33  | 7
    |____
50   4,71
 10
  3
```

On trouve d'abord le quotient 4 et le reste 5; il en résulte que le quotient est compris entre 4 et 5. Je réduis le reste 5 unités en dixièmes, ce qui se fait en écrivant un 0 à la droite de 5; en effet, comme une unité vaut 10 dixièmes, 5 unités vaudront 50 dixièmes. Je divise 50 dixièmes par 7, j'obtiens 7 dixièmes, que je place à la droite du chiffre 4 des unités que je sépare par une virgule. Je réduis de même 1 dixième qui reste en centièmes, en écrivant à la droite de 1 un zéro. Divisant 10 centièmes par 7, j'obtiens 1 centième pour quotient et 3 centièmes pour reste, qu'il faudrait partager en 7 parties égales. En négligeant ce reste, on aura donc le quotient à moins d'un demi-centième; c'est-à-dire que l'erreur commise en prenant 4,71 pour quotient est plus petite qu'un demi-centième. Car le quotient exact est entre 4,72 et 4,71.

2. Lorsque l'on évalue en décimales le reste d'une division, souvent il arrive qu'aucun des restes successifs n'est égal à 0; dans ce cas le quotient ne peut s'exprimer par un *nombre décimal* composé d'un nombre limité de chiffres.

Exemple : Soit à diviser 80 par 24.

```
80    | 24
      |------
80     3,3333
 80
  80
   80
    8
```

On voit qu'il est impossible de terminer cette division, car l'on a toujours pour reste le chiffre 8.

Mais il est toujours possible d'exprimer le quotient d'une division par un nombre décimal qui différera de ce quotient d'aussi peu qu'on voudra. Pour cela, il suffit d'écrire un 0 à la droite de chaque reste, à mesure que l'opération s'effectue, et de continuer ainsi jusqu'à ce que l'on ait obtenu l'approximation demandée. Un 0 donne l'évaluation du quotient exact à moins d'un dixième ; deux 0 à moins d'un centième ; trois 0 à moins d'un millième, et ainsi de suite.

Exemple : Si l'on avait 6 à diviser par 7 et qu'on voulût le quotient à moins d'un millième, on ferait la division suivante :

```
6     | 7
      |-----
60     0,857
 40
  50
   1
```

Le quotient serait 0,857 à moins d'un millième.

On peut donc énoncer la règle suivante : *lorsqu'on veut obtenir le quotient de deux nombres entiers approché à moins de* 0,1 ; 0,01 ; 0,001 *etc. près, on écrit un zéro à la droite des restes qui se produisent, et on poursuit la division autant de fois que l'approximation demandée exige de chiffres décimaux au quotient.*

3. *Remarque.* On doit augmenter d'une unité le chiffre du quotient auquel on s'arrête, lorsque le chiffre

suivant qu'on néglige est plus grand que 5. En effet, si la partie que je néglige est, par exemple, de 7 millièmes, je commets une erreur *en moins* de plus de 7 millièmes; mais si, en revanche, je mets un centième de plus, qui vaut 10 millièmes, je ne commets qu'une erreur *en plus* de moins de 3 millièmes.

4. On nomme *fraction décimale finie* une fraction décimale composée d'un nombre limité de chiffres; telles sont les fractions 0,25 et 0,675.

5. On appelle *fraction décimale périodique* une fraction décimale où les mêmes chiffres reparaissent toujours dans le même ordre et indéfiniment.

6. On nomme *période* les chiffres qui se répètent : ainsi 0,3333; 0,545454, etc., 0,428571428571, etc., sont des fractions décimales périodiques; 3 est la période de la première, 54 celle de la seconde et 428571 celle de la troisième.

7. La fraction décimale périodique est dite *simple*, lorsque la période commence immédiatement après la virgule; ainsi, 0,3333, etc. et 0,545454 sont des fractions périodiques simples dont les périodes ont un et deux chiffres.

8. La fraction décimale périodique est dite *mixte*, lorsque la période ne commence pas immédiatement après la virgule. Ainsi 0,2666 et 0,583333 sont des fractions périodiques mixtes.

QUESTIONNAIRE.

Lorsque la division donne un reste, comment fait-on pour compléter le quotient? 1. — Dans l'évaluation des quotients en décimales, arrive-t-on toujours à une division exacte? 2. — Dans ce cas que faut-il faire ? 2. — Comment obtient-on le quotient de la division de deux nombres entiers approché à moins de 0,1; 0,01; 0,001; etc., près? 2. — Lorsque le chiffre décimal auquel on s'arrête est suivi d'un chiffre plus grand que 5, quelle précaution doit-on prendre? 3. — Qu'est-ce qu'une fraction décimale finie? 4. — Qu'est-ce qu'une fraction décimale périodique? 5. — Qu'appelle-t-on période? 6. — Qu'entend-on par fraction décimale périodique simple? 7. — Qu'appelle-t-on fraction décimale périodique mixte? 8

Exercices.

Compléter le quotient, à l'aide des décimales, dans les divisions suivantes :

1) 5 : 4; 17 : 5; 27 : 6; 184 : 25; 945 : 48; 1396 : 75; 7438 : 137; 79639 : 628.

2) Trouver à 0,1 près le quotient de la division

	de....	78	par	9
à 0,01............		148	—	15
à 0,001...........		374	—	64
à 0,0001..........		9748	—	249

DE LA DIVISION DES NOMBRES DÉCIMAUX.

1. *La division des nombres décimaux a pour but, comme celle des nombres entiers, connaissant un produit de deux nombres, nommé dividende, et l'un de ces nombres, nommé diviseur, de trouver l'autre nombre appelé quotient.*

2. Pour faciliter l'étude de cette opération, nous distinguerons trois cas comme dans la multiplication des nombres décimaux.

Le premier cas est celui où le dividende seul a des chiffres décimaux;

Le deuxième cas est celui où le diviseur seul en contient;

Le troisième cas est celui où le dividende et le diviseur renferment l'un et l'autre des chiffres décimaux.

PREMIER CAS. — *Division d'un nombre décimal par un nombre entier.*

3. *Pour diviser un nombre décimal par un nombre entier, on fait la division sans avoir égard à la virgule. Le quotient trouvé, on sépare sur sa droite autant de chiffres décimaux qu'il y en a dans le dividende. Si la*

division ne se fait pas exactement on la continue aussi loin qu'il est nécessaire, en ajoutant des zéros au dividende, selon le degré d'approximation qu'on veut avoir.

Exemple : Soit à diviser 244,26 par 69.

```
244,26 | 69
       |------
 372     3,54
  276
   60
```

J'ai opéré sans faire attention à la virgule du dividende, et j'ai séparé deux chiffres décimaux au quotient parce que le dividende en contient 2.

Le quotient multiplié par le diviseur 69 doit, d'après la définition de la division, donner pour produit 244,26; c'est-à-dire un nombre de 24426 centièmes d'unités simples. J'en conclus que le quotient est lui-même composé de centièmes d'unités; car il a nécessairement fallu que le nombre répété 69 fois fût un nombre de centièmes pour que le produit fût formé de centièmes.

Donc, il faut que le quotient soit de la même espèce d'unités fractionnaires décimales que le dividende. Ce que l'on obtient en séparant sur sa droite autant de chiffres décimaux qu'il y en a dans le dividende.

DEUXIÈME CAS. — *Division d'un nombre entier par un nombre décimal.*

4. *Pour diviser un nombre entier par un nombre décimal, on écrit à la droite du dividende autant de zéros qu'il y a de chiffres décimaux au diviseur; on néglige la virgule, puis on opère comme sur deux nombres entiers; le quotient est un nombre entier.*

Si la division ne se fait pas exactement, on la continue à l'aide des chiffres décimaux, afin d'obtenir le quotient avec le degré d'approximation qu'on voudra.

Exemple : Soit à diviser 52 par 3,25.

```
5200 | 3,25
     |------
1950   16
 000
```

J'ai écrit deux 0 à la droite du dividende, et par là j'ai converti le nombre entier 52 en 5200 centièmes qui forment un nombre décimal équivalent ; 52 unités = 5200 centièmes. La nouvelle opération consiste à diviser 5200 centièmes par 325 centièmes. Comme il est évident que 5200 centièmes contiennent autant de fois 325 centièmes que 5200 unités contiennent de fois 325 unités, en opérant la division du nombre 5200 par 325, j'ai obtenu le quotient même de la division de 52 par 3,25 ; ce quotient est 16 exactement.

TROISIÈME CAS. — *Division d'un nombre décimal par un nombre décimal.*

3. *Pour diviser un nombre décimal par un nombre décimal, on transporte la virgule d'autant de rangs sur la droite du dividende qu'il y a de chiffres décimaux dans le diviseur. On néglige ensuite la virgule dans le diviseur, et l'on opère sur les deux nombres ainsi modifiés ; le quotient est un nombre entier. Si le dividende a moins de chiffres décimaux que le diviseur, on écrit des zéros à la droite du dividende pour que le transport de la virgule puisse avoir lieu.*

Premier exemple : Soit à diviser 27,1925 par 7,45.

2719,25	745
484 2	3,65
37 25	
. . . 0	

Le diviseur a deux chiffres décimaux ; on transporte la virgule de deux rangs sur la droite du dividende, ensuite on néglige la virgule dans le diviseur ; on a alors 2719,25 à diviser par 745 ; on se trouve ainsi ramené au premier cas. Effectuant la division, j'obtiens pour quotient 3,65.

En effet, en négligeant la virgule dans le diviseur on le multiplie par 100 ; il faut aussi multiplier le dividende par 100, en transportant la virgule de deux rangs sur sa droite, afin de ne pas altérer le quotient.

Deuxième exemple : Soit à diviser 521,34 par 8,54652.

```
521,34000 | 8,54652
          |--------
  8 54880   61
  . . .228
```

Le diviseur a cinq chiffres décimaux; on doit, par conséquent, transporter la virgule de cinq rangs sur la droite du dividende; comme celui-ci n'a que 2 chiffres décimaux, on écrit 3 zéros à sa droite; on a alors à diviser 52134000 par 854652; on se trouve ainsi ramené au deuxième cas de la division des nombres décimaux. Effectuant la division sans avoir égard aux virgules dans les 2 nombres, on obtient pour quotient 61 et pour reste 228.

En effet, en négligeant la virgule dans le diviseur on le multiplie par 100000; il faut aussi multiplier le dividende par 100000, en transportant la virgule de cinq rangs sur sa droite, afin de ne pas altérer le quotient.

Si la division donne un reste, comme ci-dessus, on continue l'opération à l'aide des décimales.

6. *Remarque.* Pour évaluer à moins de 0,1; 0,01; 0,001; etc..... près le quotient d'une division de nombres décimaux on opère comme pour une division de nombres entiers: au reste de la division on ajoute un zéro pour obtenir un nouveau chiffre, et on répète autant de fois ce procédé que l'approximation demandée exige de chiffres décimaux.

Exemple: Soit à diviser 48,7 par 0,34; on demande le quotient à moins de 0,000001 près. On fera l'opération ainsi:

```
4870      | 034
          |-----------
147         143,235294
 110
   80
   120
    180
     100
      320
       140
         4
```

La partie fractionnaire du quotient 143,238238 est une fraction périodique simple.

QUESTIONNAIRE.

Qu'est-ce que la division des nombres décimaux? 1. — Quels sont les différents cas que l'on peut distinguer pour faciliter l'usage de cette opération? 2. — Comment divise-t-on un nombre décimal par un nombre entier? 3. — Comment divise-t-on un nombre entier par un nombre décimal? 4. — Comment fait-on la division de deux nombres décimaux? 5. — Comment obtient-on à moins de 0,1; 0,01; 0,001; 0,0001..... près le quotient d'une division de nombres décimaux? 6.

Exercices sur la division des nombres décimaux.

Diviser :

1)	103,75	par	25	6)	2127,592	par	302
2)	439,50	par	56	7)	70,104	par	762
3)	2689,05	par	273	8)	6950,84	par	852
4)	17991,48	par	607	9)	6627,023	par	9347
5)	757,465	par	769	10)	4209,92	par	8096
11)	8674	par	85,25	16)	90076	par	905,05
12)	9709	par	69,028	17)	90745	par	75,904
13)	19419	par	0,785	18)	87953	par	0,0705
14)	29455	par	0,925	19)	542451	par	0,00974
15)	207645	par	0,0076	20)	900074	par	0,00987
21)	4746,25	par	9,45	26)	479,9459	par	79,45
22)	7640,05	par	17,8	27)	1472,85787	par	0,87
23)	1949,01	par	754,54	28)	950,09	par	84,00731
24)	7844,25	par	8,4094	29)	74,017	par	0,076134
25)	1761,9	par	0,00745	30)	0,652	par	0,08529

Problèmes sur la division des nombres décimaux.

1. On a payé 1258 francs, 75 cent. 265 mètres. A combien revient le mètre?

2. On a payé 1639 fr., 26 cent. 10 pièces de velours. Combien chaque pièce contient-elle de mètres, sachant que le prix du mètre est de 6 fr., 30 c.?

3. Lorsque 15 centimètres de calicot coûtent 0 fr., 45 cent., combien coûte le mètre?

4. Pour 23 fr., 20 cent., on a 464 poires. Combien coûte chaque poire?

5. Lorsqu'un ouvrier a gagné 1381 fr., 25 c. en 325 jours, combien aurait il gagné s'il n'avait travaillé que 285 jours?

6. Diviser le nombre 34575 en deux parties dont l'une surpasse l'autre de 548,50?

7. Trouver le nombre qui, multiplié par 345,75, donnerait pour produit 12965,625?

8. 15 pièces de drap ayant 22 m., 05 chacune, ont coûté 3175 fr., 20 c. Quel est le prix d'un mètre?

9. Un ouvrier qui fait 1 m., 75 d'étoffe par jour a gagné en 25 jours 192 fr., 15 c. Combien gagne-t-il par mètre?

10. Combien aura-t on de mètres de satin qui coûte 12 fr., 75 c. le mètre, avec 7942 fr., 21 c.?

11. Combien coûte le kilog. de sucre si 35 kilog. 30 décagr. ont coûté 74 fr., 13 c.?

12. On a payé 2566 fr., 20 c. pour 394 mètres, 8 décim. de dentelle. A combien revient le mètre?

13. On monte au sommet d'une tour élevée de 280 m., 12 cent., par un escalier dont les marches égales sont de 235 millimètres de hauteur. Combien y a-t-il de marches à monter?

14. Le jardin public d'une ville est de 3 hectares 17 ares 25 centiares. Combien de fois le jardin est-il contenu dans l'étendue de la ville qui a 520 hectares 29 ares de superficie?

15. On construit un mur de 94 mètres cubes 760 décimètres cubes, en briques de 2 décimètres cubes 575 centimètres cubes. Combien est-il entré de briques?

16. On verse 6 litres, 20 c. d'eau dans 58 litres, 35 cent. de vin qui coûte 1 fr., 45 c. le litre. A combien revient le litre de mélange?

17. Combien faut-il mettre d'eau dans 205 litres, 20 c. de vin à 1 fr., 25 c., pour que le mélange revienne à 0 fr., 90 c. le litre?

18. Une somme de 4553 fr., 45 c. a été partagée de telle façon que chaque partageant a eu 267 fr., 85 c. Combien y avait-il de partageants?

19. Sur un navire en détresse se trouvent 127 personnes; elles ont encore 28 jours à passer avant d'arriver au port; il ne leur reste que 1237 kilog., 488 de pain. Combien faudra-t-il donner par jour à chaque personne pour que chacun ait part égale chacun des 28 jours?

20. Quel est le quotient de la division de 0,00008 par 0,07, à moins de 1 dix-millionième près?

DE LA PREUVE DE LA MULTIPLICATION ET DE LA DIVISION.

1. La preuve de la multiplication, soit des nombres entiers, soit des nombres décimaux, se fait par la division.

2. Pour cela il suffit de diviser le produit par l'un des facteurs, et l'on doit retrouver l'autre facteur au quotient,

3. En voici la raison : *puisque la division a pour but, connaissant un produit de deux nombres et l'un de ces nombres, de trouver l'autre*, il s'ensuit qu'en divisant ce produit par le multiplicande le quotient reproduira le multiplicateur, et réciproquement.

Exemple pour les nombres entiers.

Soit le nombre 650704 qui est le produit de 4856 par 134. Je veux vérifier si la multiplication est exacte.
Je divise 650704 par le multiplicande 4856.

```
650704 | 4856
       |------
16510    134
 19424
 00000
```

Le quotient donne 134 qui est le multiplicateur, et comme la division se fait exactement, j'en conclus que 650704 est le produit de 4856 par 134.

Exemple pour les nombres décimaux.

J'ai 25,16 à multiplier par 3,84. Le produit est 96,6144. Pour m'assurer de son exactitude, je divise 96,6144 par 25,16

```
96,6144 | 25,16
        |------
21 134     3,84
 1 0064
 0 0000
```

J'obtiens pour quotient le multiplicateur 3,84 sans aucun reste. Ainsi 96,6144 est le produit probable de 25,16 par 3,84.

4. On peut faire encore la preuve de la multiplication en multipliant les mêmes nombres, mais en renversant l'ordre des facteurs, c'est-à-dire en prenant le multiplicande pour le multiplicateur et réciproquement.

5. La preuve de la division, soit des nombres entiers, soit des nombres décimaux, se fait par la multiplication.

6. On multiplie le diviseur par le quotient, et le produit augmenté du reste final, s'il y en a un, doit donner le dividende, si la division et sa preuve ont été bien faites.

En effet, d'après la définition de la division, le dividende se compose du produit du diviseur par le quotient, plus le reste s'il y en a un.

Exemple pour les nombres entiers.

Soit 1290645 à diviser par 6235.

Je trouve pour quotient 207. Pour vérifier l'opération, il suffit de multiplier 6235 par 207.

```
   6235
    207
 ------
  43645
 124700
 ------
1290645
```

Le produit de ces deux nombres l'un par l'autre donne en effet le dividende 1290645. — J'ai, par là, acquis la preuve que 207 est le quotient probable de 1290645 par 6235.

Exemple pour les nombres décimaux,

J'ai 43,4010 à diviser par 23,46.

J'obtiens au quotient 1,85. Je multiplie 23,46 par 1,85.

```
   23,46
    1,85
  ------
   11730
  18768
  2346
 -------
 43,4010
```

La multiplication du diviseur par le quotient reproduit le dividende. J'en conclus que 1,85 est le quotient de 43,4010 par 23,46.

7. On peut faire encore la preuve de la division par une nouvelle division, dans laquelle on prendra pour diviseur le quotient. Le nouveau quotient sera l'ancien diviseur et le reste sera le même, si la première division en a donné un.

QUESTIONNAIRE.

Comment se fait la preuve de la multiplication, soit des nombres entiers, soit des nombres décimaux? 1. — Comment opère-t-on? 2.— Quelle en est la raison? 3. —N'y a-t-il pas une autre manière de faire la preuve de la multiplication? 4. — Comment se fait la preuve de la division, soit des nombres entiers, soit des nombres décimaux? 5. — De quelle manière faut-il opérer? 6. — N'y a-t-il pas une autre méthode de faire la preuve de la division? 7.

PROBLÈMES CONCERNANT LES QUATRE OPÉRATIONS SUR LES NOMBRES ENTIERS OU DÉCIMAUX.

1. Une ville contient 25864 habitants; chacun d'eux possède, en moyenne, 248 mètres carrés de terrain dans sa banlieue, et consomme, en moyenne, par an, 8 kilog., 367 de fruits récoltés dans cette banlieue. Combien y a-t-il de mètres carrés de banlieue autour de la ville et quel poids de fruits chaque hectare donne-t-il, en moyenne, aux habitants?

2. Trois ouvriers travaillant ensemble ont reçu une somme totale de 12540 fr.; le premier a travaillé 4 fois plus de temps que le deuxième, et celui-ci 2 fois moins que le troisième, qui a travaillé 448 jours. On demande la somme reçue par chacun d'eux et le prix de la journée.

3. Un libraire donne, selon la coutume, un exemplaire en plus par chaque douzaine de livres qu'il vend en gros. Il livre dans ces conditions 8 douzaines d'exemplaires d'un ouvrage et réclame une somme totale de 190 fr., 40 c. Combien vend-il, en réalité, chaque exemplaire et quel est le prix fictif de chaque exemplaire, le 13e étant supposé donné gratuitement?

4. Un marchand reçoit 45 grosses de pelotons de fil (la grosse vaut 12 douzaines) à 24 fr., 48 c. la grosse. Il veut gagner 4 fr., 32 par grosse. On demande : 1° combien il paie les 45 grosses; 2° combien il devra vendre chaque peloton de fil?

5. Un imprimeur se prépare à imprimer un livre; dans le format qu'il choisit, la page contient 48 lignes, et chaque ligne renferme 28 lettres. Il a besoin de posséder assez de lettres pour composer en même temps 3 feuilles, et chaque feuille contient 16 pages. Combien lui faut-il avoir de lettres ou caractères d'imprimerie?

6. Un convoi de chemin de fer va de Paris à Saint-Germain et rencontre 6 stations intermédiaires placées aux distances suivantes de Paris : Asnières, 6 kilomètres; Nanterre, 12 kil.; Rueil, 14 kil.; Chatou, 15 kil.; le Vésinet, 17 kil.; le Pecq, 19 kil.; enfin Saint Germain est à 21 kil. de Paris. Le départ a lieu à 7 heures 55 minutes (l'heure contient 60 minutes) du matin, et l'arrivée à 8 heures 43 minutes, c'est-à-dire que le voyage dure 48 minutes. On demande combien de

minutes le train emploie à faire 1 kilomètre (évaluer jusqu'à 0,001 de minute) et combien de temps il met entre chaque station?

7. Un doreur applique sur 34 douzaines de perles 2 grammes, 16 d'or en feuilles. Combien y en a-t-il sur chaque perle, et, sachant que 1 gramme d'or en feuille vaut 3 fr., 50 c., quelle valeur d'or en feuilles exige chaque douzaine de perles?

8. Un écrivain compose un ouvrage qui lui est payé 0 fr., 25 c. la ligne imprimée. L'ouvrage est d'un format tel que la page contient 64 lignes. Combien de pages et de lignes l'ouvrage devra-t-il avoir pour que l'écrivain gagne 3000 francs?

9. Le pas d'un homme a 0 m., 45 de longueur; il y a 15980 mètres de son point de départ de Paris jusqu'à son point d'arrivée à Saint-Cloud; combien y a-t-il de pas dans cette distance?

10. Un homme laisse en mourant une fortune de 134800 fr.; il prélève, par testament, 1200 fr. pour les frais de son décès et partage le reste entre 32 personnes qui lui doivent chacune 1500 fr., en prescrivant que l'on déduise de chaque part la somme due. On demande quelle somme il faudra donner à chaque héritier?

11. Un mémoire de travaux de bâtiments se compose des sommes suivantes : maçonnerie, 4824 fr., 70 c.; menuiserie, 2890 fr., 60 c.; charpente, 3400 fr., 85 c.; serrurerie, 984 fr., 25 c. L'entrepreneur consent à une réduction de 121 fr. sur l'ensemble du mémoire. Combien reste-t-il à payer?

12. On a employé à certains travaux 7 ouvriers charpentiers et 5 maçons. Les charpentiers gagnent 5 fr. par jour et ont travaillé 24 jours, plus 134 heures supplémentaires à 0 fr. 60 c. Les ouv. maçons gagnent 5 fr., 50 c. par jour et ont travaillé 36 jours. Quelle est la somme due en totalité?

13. Un caissier trouve dans sa caisse 22 billets de mille francs, 184 billets de 20 francs, 328 billets de 5 fr., 68 pièces de 20 francs, 49 pièces de 10 francs, 104 pièces de 2 francs et 29 pièces de 0, fr., 10 c. Quelle somme a-t-il en caisse?

14. Une ruche compte 1628 abeilles; chacune d'elles fabrique en un jour un poids de miel qui, exprimé en grammes, serait de 0 gramme, 026; combien produisent-elles en 3 mois (de 30 jours en moyenne)?

15. Une voiture a deux roues dont chacune a 3 mètres, 18

de tour; combien de tours de roue fera-t-elle pour parcourir une distance de 48684 mètres, 78?

16. Il faut partager également un pain qui pèse, en kilogrammes, 2 kilog., 128 entre 18 personnes. Combien aura chaque personne, à moins de 0,001 de kilogramme près?

17. Une tunique de soldat d'un certain uniforme porte 9 boutons en avant, 4 par derrière et 3 à chaque manche. On demande combien de douzaines de boutons il faudra acheter pour habiller un régiment de 3 bataillons, dont le premier compte 829 hommes, le deuxième, 784, et le troisième, 928?

18. Le change de 1 billet de banque de mille fr. coûtant 0 fr., 25 c., quelle somme recevra, en monnaie, un homme qui change 18 billets de mille francs?

19. Un marchand de gibier a acheté 228 perdreaux à 3 fr., 65 c. la pièce; il veut gagner 150 fr. Combien devra-t-il les revendre la pièce?

20. Un père de famille a, en une année, 6789 fr., 70 c. de revenu; il a 4 personnes et lui-même à entretenir avec ce revenu; combien peut-il consacrer par jour (l'année contient 365 jours), en s'imposant de mettre de côté 500 fr. chaque année?

DES DIVISEURS DES NOMBRES.

1. *Tout nombre entier qui en divise exactement un autre est nommé diviseur de cet autre nombre.*

Ainsi, 16 étant divisible par 2, 4, 8, ces nombres sont des diviseurs de 16.

Tout nombre divisible par un autre est donc un multiple de cet autre nombre. 7 et 3 sont des *diviseurs* de 21. 21 est un multiple de 7 et de 3.

2. Un nombre *premier absolu* est celui qui n'est divisible que par lui-même ou par l'unité.

Exemple : 1, 2, 3, 5, 7, 11, 13, 17, 19, 23, 29, 31, 37, 41, 43, 47, 53, 59, 61, 67, 71, 73, 79, 83, 89, 97, 101, 103, 107, 109, 113, 127, 131, 137, etc.

3. Deux ou plusieurs nombres sont *premiers entre eux*, quand ils n'ont pas de diviseur commun autre que l'unité.

Deux nombres peuvent être premiers entre eux, sans qu'aucun d'eux soit un nombre *premier absolu*.

Ainsi 24 et 25 sont deux nombres premiers entre eux, et, cependant, ni l'un ni l'autre n'est un nombre premier, car 24 est divisible par 2, 3, 4, 6, etc., et 25 est divisible par 5.

4. *Tout nombre qui divise exactement deux ou plusieurs autres nombres, divise exactement leur somme.*

Exemple :

12 est divisible par 3, parce que $12 = 4$ fois 3.
36 — par 3, parce que $36 = 12$ fois 3.
6 — par 3, parce que $6 = 2$ fois 3.

Donc la somme $12 + 36 + 6$ ou 54 est exactement égale à un certain nombre de fois 3. Elle est donc divisible par 3. Comme le raisonnement que nous venons de faire s'appliquerait à des nombres quelconques supposés dans les mêmes conditions, le principe énoncé est démontré.

5. *Tout nombre qui divise une ou plusieurs parties d'une somme, mais qui ne divise pas exactement une des parties, ne divise pas la somme.*

Soient les nombres 8, 12, 24 et 15 dont la somme est 59. Le nombre 4 divise 8, 12 et 24; mais il ne divise pas 15, car $15 = 3 \times 4 + 3$. On peut donc écrire :

$8 = 2$ fois 4.
$12 = 3$ fois 4.
$24 = 6$ fois 4.
$15 = 3$ fois $4 + 3$.

La somme sera évidemment:

$59 =$ (2 fois 4) + (3 fois 4) + (6 fois 4) + (3 fois 4) + 3.
Donc 59, qui est égal à un certain nombre de fois 4 plus 3, n'est pas divisible par 4.

6. *Tout nombre qui divise un autre nombre, divise tous les multiples de ce nombre.*

En effet, tout multiple d'un nombre résulte de la répétition de ce nombre un certain nombre de fois. Il résulte de là que 36, qui est un multiple de 12, peut être considéré comme la somme de 3 nombres égaux à 12, soit 12+12+12=36. Or, d'après le principe précédent, tout nombre qui divise 12 divisera la somme 36. Donc, en général, tout nombre qui divise 12 divisera un quelconque de ses multiples.

7. *Tout nombre qui en divise deux autres, divise leur différence.*

En effet, si du nombre 36=9 fois 4 et par conséquent divisible par 4, on retranche 24=6 fois 4, il restera 3 fois 4=12. Le reste 12 est donc nécessairement divisible par 4, puisqu'il est encore égal à un nombre exact de fois 4.

8. *Tout nombre qui en divise deux autres, divise le reste de leur division.*

Soient en effet les deux nombres 96 et 18. Le reste de la division du premier par le second est 6. Or, d'après la définition de la division, tout dividende est égal à la somme de deux nombres: 1° le produit du diviseur par le quotient ; 2° le reste. — Le reste 6 est donc la différence entre le dividende et le produit du diviseur par le quotient. Tout nombre qui divise le diviseur 18 divisera 18×5 qui est un multiple de 18 ; il divise donc la première partie du dividende. Par hypothèse, il divise aussi le dividende lui-même. Donc il divise aussi le reste 6 qui est la différence 6 = 96 — (18 × 5). Cela résulte du principe précédent.

9. *Pour qu'un nombre soit divisible par 2, il faut que son chiffre d'unités simples soit divisible par 2 ou soit 0.*

En effet tout nombre, tel que 426, par exemple, peut toujours se décomposer en deux parties, l'une 420, formée des dizaines et des unités des ordres supérieurs, l'autre formée par le chiffre des unités simples La première partie, composée d'un nombre exact de dizaines.

est toujours un certain multiple de 10 ; 420=42×10. Donc cette première partie sera toujours divisible par 2; car tout nombre qui divise un nombre divise ses multiples. Si la seconde partie est divisible par 2, le nombre 426 sera la somme de deux nombres divisibles par 2 et le sera lui-même. Si, au contraire, cette seconde partie n'est pas divisible par 2, comme un nombre qui divise la première partie d'une somme et ne divise pas la seconde, ne divise pas la somme elle-même, le nombre donné ne sera pas divisible par 2.

Les nombres divisibles par 2 sont appelés *pairs*, parce qu'on peut les diviser exactement en deux parties *pareilles*, égales. Les chiffres pairs sont 2, 4, 6, 8. Les nombres terminés par 0 sont des nombres pairs.

Les chiffres 1, 3, 5, 7, 9 sont appelés *impairs* (non pairs), ainsi que les nombres qui sont terminés à leur droite par un de ces chiffres, tels que 67, 915, 1763, etc.

10. *Tout nombre peut se décomposer en deux parties, dont la première est un multiple de 9, et par conséquent de 3, et dont la seconde est la somme même des chiffres du nombre additionnés avec leur valeur absolue, c'est-à-dire comme des chiffres d'unités simples.*

Pour démontrer ce principe, je prouverai d'abord qu'il est vrai pour tout nombre composé de 1 suivi de zéros.

Il est évident que

10 = 9 + 1.
100 = 99 (11 fois 9) + 1.
1000 = 999 (111 fois 9) + 1.
10000 = 9999 (1111 fois 9) + 1, etc.

Donc, d'une façon générale, tout nombre composé de 1 suivi de zéros peut se décomposer en un multiple de 9+1.

Maintenant, si l'on considère les nombres formés d'un chiffre significatif suivi de zéros, on reconnaît que pour eux aussi le même principe est vrai. Ainsi 700= 100×7. Comme 100=99 + 1, 7 fois 100 = 7 fois 99+ 7 fois 1. Donc 700 = un multiple de 9 (99 × 7) + 7.

Enfin, un nombre quelconque 3465 est réellement composé de 3000+400+60+5. Ainsi considéré, le nombre peut se décomposer comme il suit :

$$\begin{aligned} 3000 &= 999 \times 3 + 3. \\ 400 &= 99 \times 4 + 4. \\ 60 &= 9 \times 6 + 6. \\ 5 &= \text{»} \quad 5. \end{aligned}$$

Somme : $3465 = (999 \times 3 + 99 \times 4 + 9 \times 6) + 3 + 4 + 6 + 5.$

Or $999 \times 3 + 99 \times 4 + 9 \times 6$ est une somme de multiples de 9, c'est-à-dire un multiple de 9; 3+4+6+5 est la somme des chiffres du nombre additionnés avec leur valeur absolue. Donc le principe énoncé est démontré.

Comme 9 est un multiple de 3, tout multiple de 9 est aussi un multiple de 3. Donc il est également vrai que tout nombre peut se décomposer en un multiple de 3 plus la somme de ses chiffres pris dans leur valeur absolue.

11. *Pour qu'un nombre soit divisible par 3 il faut que la somme de ses chiffres, additionnés comme des chiffres d'unités simples, soit un nombre divisible par 3.*

Soit un nombre 70847; ce nombre est égal à un multiple de 3, plus la somme de ses chiffres qui est 26 ; 26 n'est pas divisible par 3; donc, d'après le principe 5, le nombre lui-même ne le sera pas. Soit au contraire 45072; il se compose d'un multiple de 3, plus la somme de ses chiffres 18; comme 18 est divisible par 3, le nombre 45072 est une somme de deux nombres divisibles par 3; d'après le principe 4, il est lui-même divisible par 3.

12. *Pour qu'un nombre soit divisible par 9, il faut que la somme de ses chiffres additionnés comme des unités simples soit un nombre divisible par 9.*

Tels sont les nombre 621, 4572, 65232, etc., car 6+2+1=9 ; 4+5+7+2=18 ; 6+5+2+3+2=18, sont divisibles par 9.

La démonstration est identiquement la même que pour le diviseur 3.

13. *Pour qu'un nombre soit divisible par* 5, *il faut qu'il soit terminé à sa droite par* 0 *ou par* 5.

Tels sont : 65, 350, 4500, etc.

En effet, tout nombre, tel que 65, se compose

d'unités...........................	5
et de dizaines............60=6×10	

La partie qui contient les dizaines est divisible par 5, puisque 10=2 fois 5. Il suffit donc que le chiffre des unités soit aussi un nombre divisible par 5, et il n'y a que 0 et 5 qui soient divisibles par 5.

14. *Pour qu'un nombre soit divisible par* 4, *il faut que ses deux premiers chiffres à droite forment un nombre divisible par* 4.

Tels sont : 864, 1748, 74056.

En effet, tout nombre tel que 864 se compose

de dizaines et unités.................	64
et de centaines ....800=8×100	

Or, les centaines et leurs multiples sont divisibles par 4, puisque 100=25 fois 4. Il suffit donc que le nombre 64 soit divisible par 4.

Mais s'il ne l'était pas, 864 lui-même ne serait pas divisible par 4, d'après le principe 5.

15. *Pour qu'un nombre soit divisible par* 6, *il faut qu'il soit divisible à la fois par* 2 *et par* 3.

Tels sont 5712, 78504, etc.

Ce caractère de divisibilité repose sur un principe que l'on démontre, mais que nous admettrons ici sans démonstration. Ce principe ou vérité arithmétique dit que tout nombre divisible par deux nombres premiers entre eux est divisible par leur produit.

Comme 2 et 3 sont premiers entre eux et que 2×3=6, tout nombre divisible à la fois par 2 et par 3 le sera par 6.

16. *Pour qu'un nombre soit divisible par* 8, *il faut que ses trois premiers chiffres à droite forment un nombre divisible par* 8.

Tels sont : 9256, 14512.

En effet, le nombre 9256 se compose de

centaines, dizaines et unités.....	256
mille .... 9000=9×1000	

Or, la partie des mille est toujours divisible par 8, car 1000=125 fois 8. Il suffit donc que l'autre partie 256 soit divisible par 8.

17. *Pour qu'un nombre soit divisible par* 10, 100, 1000, *etc*, *il faut qu'il soit terminé à sa droite par* 1, 2, 3, *etc. zéros.*

En effet, tout nombre terminé par 0, tel que 3240, est un nombre de dizaines, 324 dizaines ou 10×324. Donc il est divisible par 10. De même 48600 est un nombre de centaines et est égal par conséquent à 100×486 ; il est donc divisible par 100. On raisonnerait de même pour 1000, 10000, etc.

PREUVE PAR 9 DE LA MULTIPLICATION ET DE LA DIVISION.

18. On a établi précédemment que tout nombre est égal à un multiple de 9 plus la somme de ses chiffres additionnés comme des chiffres d'unités simples. Si l'on retranche encore de cette somme 9 autant de fois qu'il y est contenu, ou bien on arrive à un reste 0, et alors le nombre donné est divisible par 9; ou bien on arrive à un reste 1, 2, 3, 4, 5, 6, 7 ou 8. Ce reste est celui que donnerait la division du nombre par 9, si on l'effectuait.

Exemple : 3425 = multiple de 9 + 14, et si de 14 on retranche 9 autant de fois que possible, on a un reste 5. On en conclut que 3425 divisé par 9 donnera pour reste 5. Au contraire le nombre 3429, si on le soumet à la même opération, donne pour somme de ses chiffres 18 ; si on retranche 9 autant de fois que possible, on obtient 0 pour reste. Donc 3429 est divisible par 9.

On peut employer cette recherche des restes de la

division par 9 pour faire la preuve de la multiplication et de la division.

19. *Pour faire la preuve par 9 de la multiplication, on cherche les trois restes de la division par 9 du multiplicande, du multiplicateur et du produit; on multiplie l'un par l'autre le premier et le deuxième de ces restes et on cherche encore le reste de la division de ce dernier produit par 9; si l'opération est exacte ce quatrième reste sera égal au troisième.*

Voici comment on dispose l'opération :

Soit $87 \times 32 = 2784$.

Le reste de la division de 87 par 9 est 6; celui de 32 est 5, et celui de 2784 est 3. On écrit :

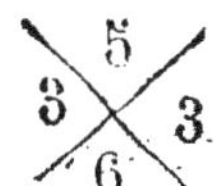

Puis on cherche le reste de 6×5 ou 30, qui est aussi 3 ; la multiplication doit être correcte.

En effet $87 = (9 \times 9) + 6$; $32 = (9 \times 3) + 5$. Si l'on multiplie on a :

Multiplicande :	$(9 \times 9) + 6$
Multiplicateur :	$(9 \times 3) + 5$

Produit :

$$(9 \times 9) \times (9 \times 3) + (9 \times 3) \times 6 + (9 \times 9) \times 5 + 5 \times 6$$

Or des quatre parties de ce produit les trois premières sont divisibles par 9 et la quatrième est précisément le produit du premier reste 6 par le second 5. Le reste de la division par 9 du produit 2784 est donc le même que celui de 6×5 ou 30.

20. *Pour faire la preuve par 9 de la division, on retranche d'abord du dividende le reste de la division, s'il y en a un; puis on recherche les trois restes de la division par 9 du dividende ainsi diminué, du diviseur et du quotient; on multiplie l'un par l'autre le deuxième et le troisième de ces restes et enfin on cherche encore le reste par 9 de ce produit;*

ce quatrième reste doit être égal à celui du dividende par 9.

Exemple :

$$\begin{array}{r|l} 2786 & 87 \\ \cline{2-2} 176 & 32 \\ 2 & \end{array}$$

Après avoir retranché 2 de 2786, on a 2784.

Or : $2784 = (9 \times 309) + 3$; $87 = (9 \times 9) + 6$;
$32 = (9 \times 3) + 5$.

Mais 6×5 donne 30, qui est égal à $(9 \times 3) + 3$.

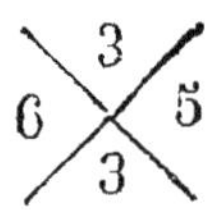

La division doit être correcte.

QUESTIONNAIRE.

Qu'entend-on par diviseur d'un nombre? 1. — Qu'est-ce qu'un nombre premier absolu ? 2. — Qu'appelle-t-on nombres premiers entre eux? 3. — Démontrez qu'un nombre qui divise exactement deux ou plusieurs nombres, divise leur somme. 4. — Démontrez que tout nombre qui divise une ou plusieurs parties d'une somme et qui ne divise pas une autre des parties ne divise pas la somme. 5. — Démontrez que tout nombre qui divise un autre nombre divise tous les multiples de ce nombre. 6. — Démontrez que tout nombre qui en divise deux autres divise leur différence. 7. — Démontrez que tout nombre qui en divise deux autres divise le reste de leur division. 8. — Comment reconnaît-on qu'un nombre est divisible par 2 ? La preuve. 9. — Qu'appelle-t-on nombre pair, nombre impair ? 9. — Démontrez que tout nombre est composé d'un multiple de 3 ou de 9, plus la somme de ses chiffres additionnés dans leur valeur absolue. 10. — Comment reconnaît-on qu'un nombre est divisible par 3 ou par 9? La preuve. 11 et 12. — Comment reconnaît-on qu'un nombre est divisible par 5? La preuve. 13. — Comment reconnaît-on qu'un nombre est divisible par 4? La preuve. 14.—Comment reconnaît-on qu'un nombre est divisible par 6? 15. — Comment reconnaît-on qu'un nombre est divisible par 8? La preuve. 16. — Comment reconnaît-on qu'un nombre est divisible par 10, 100, 1000, etc.? La preuve. 17. — Comment trouve-t-on, sans effectuer la division, le reste de la division d'un nombre par 9? 18. — Comment fait-on la preuve par 9 de la multiplication? 19. — Comment fait-on la preuve par 9 de la division? 20.

DES FACTEURS PREMIERS D'UN NOMBRE.

RECHERCHE DU PLUS GRAND COMMUN DIVISEUR DE DEUX NOMBRES.

1. On appelle *diviseur commun* de deux ou plusieurs nombres tout nombre qui divise exactement chacun d'eux.

2. Le plus grand nombre qui en divise exactement deux ou plusieurs autres se nomme leur *plus grand commun diviseur.*

Ainsi 32 et 48 ont pour diviseurs :

Le premier, 1, 2, 4, 8, 16, 32;

Le second, 1, 2, 3, 4, 6, 8, 12, 16, 24, 48.

Les diviseurs communs à l'un et à l'autre sont: 1, 2, 4, 8, 16; 16 est le plus grand de tous; il est par conséquent le *plus grand commun diviseur* de 32 et 48.

3. Voici la règle générale à suivre pour déterminer le plus grand commun diviseur de deux nombres. *On divise le plus grand des deux nombres par le plus petit; si la division se fait exactement, c'est le plus petit nombre qui est le plus grand commun diviseur cherché.*

Si cette première division donne un reste, on divise le plus petit nombre par ce reste, et si la division se fait exactement, c'est ce premier reste qui est le plus grand commun diviseur des deux nombres proposés.

Si cette seconde division donne un reste, on divise le premier reste par le second, puis le second par le troisième, etc., et l'on continue toujours de diviser le reste précédent par le dernier reste, jusqu'à ce que l'on obtienne une division exacte. Le dernier diviseur que l'on emploie est le plus grand commun diviseur cherché.

4. *Exemple :* Soit proposé de chercher le plus grand commun diviseur des nombres 9024 et 3760.

Je divise 9024 par 3760; j'ai pour quotient 2 que j'écris au-dessus du diviseur, et pour reste 1504.

Quotients		2	2	2
9024		3760	1504	752
1ᵉʳ reste 1504	2ᵉ r.	752	0000	

Je divise 3760 par 1504, le quotient est 2 et le reste 752.

Enfin, je divise le premier reste 1504 par le second reste 752, la division se fait exactement. J'en conclus que 752 est le plus grand commun diviseur entre les deux nombres 9024 et 3760.

En effet, si 3760 divisait exactement 9024, le premier de ces nombres serait évidemment le plus grand commun diviseur des deux. Si la division donne un reste, comme dans l'exemple actuel, le plus grand commun diviseur cherché divisant 9024 et 3760 doit aussi diviser le reste 1504 d'après le principe ci-dessus démontré : tout nombre qui en divise deux autres divise le reste de leur division. D'un autre côté, 9024 est la somme de $3760 \times 2 + 1504$, car le dividende est égal au produit du diviseur par le quotient augmenté du reste. D'ailleurs tout diviseur de 3760 divise son multiple 3760×2. Donc tout diviseur de 3760 et de 1504 divise les deux parties $3760 \times 2 + 1504$ et doit par conséquent diviser 9024. Donc tout diviseur commun à 3760 et à 9024 sera aussi diviseur commun à 3760 et à 1504. Donc le plus grand commun diviseur cherché entre 9024 et 3760 est aussi le plus grand de tous les diviseurs communs à 3760 et à 1504. La question est donc ramenée à chercher le plus grand commun diviseur entre ces deux derniers nombres. On voit de la même manière que le plus grand diviseur commun entre 3760 et 1504 est le même qu'entre 1504 et 752. La 3ᵉ division ne donnant pas de reste, 752 est le plus grand commun diviseur entre 1504 et 752, par conséquent entre 3760 et 1504, et enfin entre 9024 et 3760.

5. Lorsque, par suite des divisions successives, on est arrivé à trouver 1 pour dernier diviseur, il faut en conclure que les deux nombres proposés n'ont pas d'autre diviseur commun que l'unité et sont par conséquent *premiers entre eux*.

DÉCOMPOSITION D'UN NOMBRE DONNÉ EN SES FACTEURS PREMIERS.

6. Les diviseurs d'un nombre ne sont autre chose que ses *facteurs*. En effet, ce nombre est le *produit* exact de l'un de ses diviseurs par un certain quotient.

7. *Tout nombre, étant égal à lui-même multiplié par* 1, *possède toujours au moins deux diviseurs : lui-même et le nombre* 1.

8. On peut démontrer, mais nous admettrons ici comme évident que : *Tout nombre qui n'est pas premier est le produit d'un certain nombre de diviseurs ou facteurs qui sont des nombres premiers et que l'on nomme* facteurs premiers *de ce nombre*.

9. Nous allons exposer le procédé à l'aide duquel on décompose un nombre en ses facteurs premiers.

On divise le nombre d'abord par le plus petit nombre premier (autre que 1) qui est 2, si cette division peut se faire exactement ; puis le quotient encore par 2 et ainsi de suite jusqu'à ce que l'on obtienne un quotient qui ne soit pas divisible par 2.

On divise ensuite ce quotient par 3, si c'est possible, et autant de fois de suite par 3 que la division peut s'effectuer.

Puis on divise par ceux des nombres premiers 5, 7, 11, 13, etc., qu'on reconnaît être des diviseurs du nombre proposé, et l'on continue ainsi jusqu'à ce que le dernier quotient n'admette plus de diviseur autre que 1 ou lui-même, c'est-à-dire soit un nombre premier.

Tous les diviseurs employés sont les *facteurs premiers* du nombre donné.

10. *Exemple :* Soit le nombre 1164240 à décomposer en ses facteurs premiers.

Voici le tableau de l'opération :

1164240	2
582120	2
291060	2
145530	2
72765	3
24255	3
8085	3
2695	5
539	7
77	7
11	11

On divise 4 fois de suite par 2, en plaçant le premier quotient sous le nombre donné et les autres quotients successivement les uns au-dessous des autres ; les diviseurs successifs sont placés à la droite du nombre donné et des divers quotients. On divise de même trois fois par le nombre 3, une fois par 5, etc.

Il résulte de ces divisions que :

$$
\begin{aligned}
1164240 &= 2 \times 582120 \\
582120 &= 2 \times 291060 \\
291060 &= 2 \times 145530 \\
145530 &= 2 \times 72765 \\
72765 &= 3 \times 24255 \\
24255 &= 3 \times 8085 \\
8085 &= 3 \times 2695 \\
2695 &= 5 \times 539 \\
539 &= 7 \times 77 \\
77 &= 7 \times 11 \\
11 &= 11 \times 1
\end{aligned}
$$

Donc $1164240 = 2 \times 2 \times 2 \times 2 \times 3 \times 3 \times 3 \times 5 \times 7 \times 7 \times 11$.

11. En décomposant ainsi les nombres en leurs facteurs premiers, on obtient très-habituellement des séries où le même facteur premier est répété plusieurs fois, c'est-à-dire, doit être multiplié plusieurs fois par

lui-même. On a coutume de désigner le produit d'un nombre par lui-même sous le nom de *puissance* de ce nombre, et on indique combien de fois le nombre est pris comme facteur au moyen des nombres ordinaux *premier*, *deuxième*, *troisième*, etc..... *puissance*. Ainsi :

10 est la *première puissance* de 10.
100 (10×10), la *deuxième puissance* de 10.
1000 ($10 \times 10 \times 10$), la *troisième puissance* de 10.
10000 ($10 \times 10 \times 10 \times 10$), la *quatrième puissance* de 10, etc.

Souvent la *deuxième puissance* est désignée sous le nom spécial de *carré*; $10 \times 10 = 100$, qui est la *deuxième puissance* ou le carré de 10. — La *troisième puissance* reçoit aussi le nom de *cube*; ainsi 1000 est la *troisième puissance* ou *cube* de 10.

12. Pour écrire l'indication des puissances d'un nombre, on écrit ce nombre et l'on place un peu au-dessus et à droite un petit chiffre qui est le numéro de la puissance et que l'on nomme l'*exposant*. Ainsi :

$$10 = 10^1$$
$$100\ (10 \times 10) = 10^2$$
$$1000\ (10 \times 10 \times 10) = 10^3$$
$$10000\ (10 \times 10 \times 10 \times 10) = 10^4$$

On écrirait donc le résultat obtenu plus haut :

$$1164240 = 2^4 \times 3^3 \times 5 \times 7^2 \times 11.$$

et on lirait ainsi : *un million cent soixante-quatre mille deux cent quarante égale deux quatrième puissance, multiplié par trois troisième puissance, multiplié par cinq, multiplié par sept deuxième puissance, multiplié par onze*

APPLICATIONS DE LA RECHERCHE DES FACTEURS PREMIERS.

13. *Tout produit de deux nombres contient tous les facteurs premiers de ces deux nombres aux mêmes puissances,* c'est-à-dire, *pris autant de fois comme facteurs.*

Ainsi $1164240 = 2079 \times 560$.

Si nous décomposons les deux facteurs de ce produit en leurs facteurs premiers, nous obtenons :

$$560 = 2^4 \times 5 \times 7$$
$$2079 = 3^3 \times 7 \times 11$$
$$\text{Donc } 1164240 = (2^4 \times 5 \times 7) \times (3^3 \times 7 \times 11)$$
$$\text{ou } 1164240 = 2^4 \times 3^3 \times 5 \times 7^2 \times 11$$

Il résulte de ce principe que, *dans une division qui n'a pas donné de reste, le dividende contient tous les facteurs premiers du diviseur et du quotient pris autant de fois comme facteurs que ces deux nombres les renferment.* Car, dans une division qui n'a pas donné de reste, le dividende est précisément égal au produit du diviseur par le quotient.

14. *Tout multiple d'un nombre, ou tout nombre divisible par un autre nombre, contient tous les facteurs premiers de ce nombre, et chacun au moins autant de fois que celui-ci les renferme.*

En effet, soit le nombre 10080 qui est un multiple de 360, ou, ce qui est la même chose, qui est divisible par 360; $10080 = 360 \times 28$. Décomposé en ses facteurs premiers, 360 donne : $360 = 2^3 \times 5 \times 3^2$; par conséquent, $10080 = (2^3 \times 5 \times 3^2) \times 28$. Donc 10080 contient 3 fois le facteur premier 2, 1 fois le facteur 5 et 2 fois le facteur 3, tout comme 360 lui-même.

15. *Tout diviseur d'un nombre ne contient que des facteurs premiers renfermés dans ce nombre lui-même, et ne les contient pas plus de fois.*

En effet, si 360 est un diviseur de 10680, c'est parce que $10080 = 360 \times 28$. Puisque 10080 est égal à 360 répété 28 fois, tous ses facteurs premiers sont contenus dans 10080 et autant de fois qu'ils sont en lui-même

16. *Pour qu'un nombre soit un commun multiple de deux ou de plusieurs nombres, il faut qu'il contienne tous leurs facteurs premiers et chacun au moins autant de fois que dans le nombre qui le contient le plus.*

Cela résulte du principe 14, ci-dessus démontré. Soient les nombres 84, 720 et 280; la décomposition en facteurs premiers donne pour résultats :

$$84 = 2^2 \times 3 \times 7$$
$$720 = 2^4 \times 3^2 \times 5$$
$$280 = 2^3 \times 5 \times 7$$

Le nombre 151200, qui se décompose ainsi : $2^5 \times 3^3 \times 5^2 \times 7^5$, est un commun multiple de 84, 720 et 280; c'est-à-dire est divisible exactement par chacun de ces trois nombres. En effet, 21600 contient les facteurs premiers 2, 3 et 7 au moins à la même puissance que 84; donc il est divisible par 84. On démontrerait d'une façon analogue qu'il est divisible par 720, puis par 280.

17. On appelle *le plus petit commun multiple* de deux ou de plusieurs nombres, le plus petit nombre qui soit exactement divisible par chacun de ces nombres.

RECHERCHE DU PLUS PETIT COMMUN MULTIPLE.

18. *Pour déterminer quel est le plus petit commun multiple de deux ou de plusieurs nombres donnés, on décompose ceux-ci en leurs facteurs premiers, et l'on forme un produit de tous les facteurs premiers que renferment les nombres donnés en prenant chacun autant de fois comme facteur que dans le nombre qui le contient le plus de fois; ce produit est le plus petit commun multiple cherché.*

Cette règle résulte du principe 16. Soit en effet à trouver le plus petit commun multiple des nombres 84, 720 et 280 ; je prendrai les facteurs premiers 2, 3, 5, et 7 que renferment ces trois nombres; je prendrai 4 fois le facteur 2, parce que 720 le contient 4 fois ; 2 fois le facteur 3, parce que 720 le contient 2 fois et j'aurai à faire le produit $2^4 \times 3^2 \times 5 \times 7$ qui donne le nombre 5040; c'est le plus petit commun multiple de 84, 720 et 280.

D'abord c'est un commun multiple de ces trois nombres, car il contient leurs facteurs premiers au moins autant de fois qu'eux. Dans le cas donné comme exemple $5040 = 84 \times 60$; $5040 = 720 \times 7$; $5040 = 280 \times 18$. En second lieu 5040 est le plus petit des communs multiples de nos trois nombres, car il ne saurait contenir moins de facteurs premiers, ni les contenir moins de fois. C'est une application du principe 16.

19. *Pour qu'un nombre soit un commun diviseur de deux ou de plusieurs nombres, il faut qu'il ne contienne que les facteurs premiers communs aux nombres donnés et chacun pas plus de fois que le nombre qui le contient le moins.*

Cela résulte du principe 15, démontré ci-dessus. Prenons les nombres 84, 720 et 840. Tout diviseur commun de ces trois nombres ne doit contenir que les facteurs premiers 2 et 3, qui leur sont communs. Il ne devra pas en outre contenir plus de 2 fois le facteur 2, et pas plus de 1 fois le facteur 3.

RECHERCHE DU PLUS GRAND COMMUN DIVISEUR.

20. *Pour déterminer quel est le plus grand commun diviseur de deux ou de plusieurs nombres, on décompose ces nombres en leurs facteurs premiers, et l'on forme un produit des facteurs premiers communs aux nombres donnés, en les prenant chacun autant de fois comme facteur que dans le nombre qui le contient le moins de fois ; ce produit est le plus grand commun diviseur cherché.*

On aurait pu en effet, dans l'exemple donné plus haut pour la recherche du plus grand commun diviseur des deux nombres 9024 et 3760, opérer aussi par la décomposition en facteurs premiers. Cette décomposition donne :

$$9024 = 2^6 \times 3 \times 47$$
$$3760 = 2^4 \times 5 \times 47$$

Les facteurs premiers communs sont 2 et 47 ; le nombre qui contient le moins de fois le facteur 2 est 3760 qui ne le contient que 4 fois et chaque nombre ne contient 47 que 1 fois. Il faut donc faire le produit $2^4 \times 47$ qui égale 752, nombre que l'autre méthode nous avait donné.

Prenons maintenant les trois nombres 84, 720 et 840 dont voici la décomposition en facteurs premiers :

$$84 = 2^2 \times 3 \times 7$$
$$720 = 2^4 \times 3^2 \times 5$$
$$840 = 2^3 \times 3 \times 5 \times 7$$

En calculant le produit $2 \times 2 \times 3$, nous obtiendrons le plus grand commun diviseur de ces trois nombres ; c'est le nombre 12. En effet, ce produit contient seulement les facteurs premiers communs aux trois nombres et autant de fois au plus qu'il peut les contenir d'après le principe 19 ; il est donc un commun diviseur et aussi grand qu'il puisse être.

QUESTIONNAIRE.

Qu'appelle-t-on diviseur commun de deux ou plusieurs nombres? 1. — Qu'entend-on par plus grand commun diviseur de deux ou plusieurs nombres? 2. — Quelle règle suit-on pour déterminer quel est le plus grand commun diviseur de deux nombres? 3. — Donnez un exemple? 4. — Que conclut-on lorsque par suite des divisions successives on trouve 1 pour dernier diviseur? 5. — Qu'entend-on par facteur d'un nombre? 6. — Quels sont les deux diviseurs que tout nombre possède? 7. — Lorsqu'un nombre n'est pas premier absolu, de quelle sorte de facteurs est-il le produit? 8. — Comment décompose-t-on un nombre en ses facteurs premiers? 9. — Donnez un exemple? 10. — Que nomme-t-on une puissance d'un nombre? Qu'appelle-t-on première, deuxième, troisième, quatrième, etc.... puissance d'un nombre? 11. — Comment indique-t-on par écrit les diverses puissances d'un nombre? 12. — Démontrez que le produit de deux nombres contient tous les facteurs premiers de ces deux nombres aux mêmes puissances ? 13. — Démontrez que tout multiple d'un nombre contient tous les facteurs premiers de ce nombre et chacun au moins autant de fois que celui-ci les renferme. 14. — Démontrez que tout diviseur d'un nombre ne contient que des facteurs premiers renfermés dans ce nombre et ne les contient pas plus de fois que celui-ci. 15. — Quels facteurs premiers et à quelles puissances un commun multiple de deux ou plusieurs nombres doit-il contenir? La preuve? 16. — Que nomme-t-on plus petit commun multiple de deux ou plusieurs nombres? 17. — Comment détermine-t-on quel est le plus petit commun multiple de deux ou plusieurs nombres? 18. — Quels facteurs premiers et à quelles puissances doit contenir le plus grand commun diviseur de deux ou plusieurs nombres? 19. — Comment détermine-t-on quel est le plus grand commun diviseur de deux ou plusieurs nombres? 20.

Exercices sur la recherche du plus grand commun diviseur, des facteurs premiers et du plus petit commun multiple.

Chercher le plus grand commun diviseur :

1) entre 6 et 12	11) entre 4, 8 et 28
2) entre 90 et 60	12) entre 180, 36 et 48
3) entre 162 et 34	13) entre 18, 45 et 21
4) entre 280 et 300	14) entre 12, 72, 144 et 432
5) entre 14648 et 6732	15) entre 10, 75, 190 et 2040
6) entre 27 et 51	16) entre 3, 5 et 7
7) entre 4174 et 365	17) entre 46, 22 et 34
8) entre 3 et 18	18) entre 112, 336 et 624
9) entre 67 et 14	19) entre 14, 49 et 84
10) entre 1090 et 422	20) entre 174, 4205 et 6037

Décomposer en leurs facteurs premiers les nombres :

1) 192	11) 3150
2) 750	12) 3675
3) 360	13) 22050
4) 10500	14) 630
5) 44100	15) 225
6) 1470	16) 300
7) 525	17) 144
8) 240	18) 1575
9) 1070	19) 705
10) 882	20) 1500

Chercher le plus petit commun multiple des nombres :

1)	8 et 24	11)	15, 54, 42, 64
2)	20 et 36	12)	24, 12, 36, 6
3)	50 et 92	13)	45, 60, 30, 25
4)	2 et 7	14)	65, 63, 84, 16
5)	18, 34, 8	15)	10, 9, 11, 12, 9
6)	15, 16, 18	16)	6, 8, 12, 14, 16
7)	3, 15, 12	17)	23, 17, 9, 13, 28
8)	24, 28, 30	18)	32, 38, 44, 48, 50
9)	17, 26, 28	19)	7, 8, 9, 10, 11, 12
10)	9, 6, 4	20)	2, 6, 14, 16, 20

FRACTIONS ORDINAIRES.

1. Une fraction est une quantité formée d'une ou plusieurs parties de l'unité divisée en parties égales.

Cette définition fait comprendre pourquoi l'on emploie deux nombres pour représenter une fraction ordinaire, l'un appelé NUMÉRATEUR, l'autre appelé DÉNOMINATEUR.

2. Le *dénominateur* indique en combien de parties égales l'unité a été divisée. Son nom signifie : *qui dénomme*, parce que les parties prennent leur nom du nombre même de parties dans lesquelles on a partagé l'unité : huitièmes, quand l'unité a été divisée en 8 parties ; douzièmes, quand elle l'a été en 12 ; etc.

3. Le numérateur indique combien on prend de ces parties égales. Son nom signifie *qui compte, qui nombre* ; c'est lui en effet qui compte combien la fraction renferme de parties.

4. Le numérateur et le dénominateur se nomment les deux termes de la fraction.

5. Pour écrire une fraction on écrit le dénominateur

sous le numérateur en les séparant par un trait horizontal. Ainsi la fraction *cinq sixièmes* s'écrit $\frac{5}{6}$.

6. Pour énoncer une fraction on énonce d'abord le numérateur, puis le dénominateur, en le faisant suivre de la terminaison *ième :* ainsi $\frac{3}{7}$, $\frac{4}{9}$, s'énonceront trois *septièmes*, quatre *neuvièmes*.

Mais quand le dénominateur est 2, 3 ou 4, on emploie les noms spéciaux *demi*, *tiers* et *quart*.

7. On peut considérer une fraction comme indiquant une division dans laquelle le numérateur serait le dividende et le dénominateur le diviseur.

Ainsi, la fraction $\frac{3}{5}$ peut se traduire par 3 *divisé par* 5, ou le quotient de 3 par 5 ; par conséquent, pour compléter le quotient d'une division qui fournit un dernier reste, on peut ajouter à ce quotient une fraction qui a ce reste pour numérateur et le diviseur pour dénominateur. Ainsi 32 divisé par 6 donne pour quotient 5 plus $\frac{2}{6}$.

8. Tout nombre peut être représenté par une *expression fractionnaire :*

1° Si le numérateur de cette expression est plus petit que le dénominateur, on a une fraction *proprement dite ;* c'est-à-dire une quantité plus petite que 1.

Exemple : l'expression $\frac{2}{5}$ représente une fraction, puisque 2 est plus petit que 5. Il faudrait 5 cinquièmes pour faire une unité, on n'en a ici que 2.

2° Si le numérateur égale le dénominateur, l'expression fractionnaire représente l'unité.

Exemple : $\frac{4}{4}, \frac{7}{7} = 1$.

3° Si le numérateur est plus grand que le dénominateur et qu'il le contienne exactement un certain nombre de fois, l'expression fractionnaire représente un nombre entier.

Exemple : $\frac{28}{7}=4$, $\frac{45}{9}=5$.

4° Si le numérateur est plus grand que le dénominateur, sans le contenir exactement, l'expression représente un *nombre fractionnaire.*

Exemple : $\frac{30}{7}=4\frac{2}{7}$, $\frac{48}{9}=5\frac{3}{9}$.

9. Pour extraire les entiers contenus dans un nombre fractionnaire, on divise le numérateur par le dénominateur; le quotient marquera les entiers; et le reste, s'il y en a, sera le numérateur d'une fraction à laquelle on donne le dénominateur primitif.

Soit $\frac{24}{4}$, puisqu'il faut $\frac{4}{4}$ pour composer l'unité, autant de fois 4 sera contenu dans 24, autant d'unités; or, 24 contient 4 six fois, donc $\frac{24}{4}=6$.

10. Réciproquement, pour réduire des entiers accompagnés d'une fraction, le tout en fraction, on multiplie l'entier par le dénominateur; à ce produit on ajoute le numérateur, et l'on donne à la somme pour dénominateur celui de la fraction. — Soit $8\frac{3}{5}$ à réduire en fraction. Puisque l'unité est supposée partagée en 5 parties égales, qu'elle vaut 5 cinquièmes, 8 unités vaudront huit fois 5 cinquièmes ou 40 cinquièmes, et 3 cinquièmes feront 43 cinquièmes, qu'on représente par $\frac{43}{5}$.

11. La valeur d'une fraction dépend à la fois des valeurs respectives de son numérateur et de son dénominateur.

12. *Si le numérateur de la fraction augmente, le dénominateur restant le même, la fraction augmente.*

Exemple : $\frac{7}{12}$ est plus grand que $\frac{5}{12}$.

En effet, l'unité est divisée en un même nombre de parties dans les deux fractions, puisque le dénominateur est le même. Mais dans la première fraction on prend un plus grand nombre de ces parties, puisque le numérateur est plus grand.

13. *Si le numérateur devient deux fois, trois fois, etc., plus grand, le dénominateur restant toujours le même, la fraction devient deux fois, trois fois, etc., plus grande.*

Exemple : $\frac{6}{15}$ est trois fois plus grand que $\frac{2}{15}$, parce que dans la première de ces fractions on prend trois fois plus de parties égales de l'unité, qui sont ici des *quinzièmes*.

Donc on multiplie une fraction par un nombre entier en multipliant son numérateur par cet entier, sans toucher à son dénominateur.

14. *Si le numérateur devient deux fois, trois fois, etc., plus petit, le dénominateur restant le même, la fraction devient deux fois, trois fois, etc., plus petite.*

Exemple : $\frac{3}{21}$ est 4 fois plus petit que $\frac{12}{21}$. Car l'unité est toujours divisée en un même nombre de parties, en *vingtetunièmes*, et dans la première fraction on prend quatre fois moins de ces parties que dans la seconde.

Donc on divise une fraction par un nombre entier en divisant, quand cela est possible, son numérateur par cet entier sans toucher au dénominateur.

15. *Si le dénominateur de la fraction augmente, le numérateur restant le même, la fraction diminue.*

Exemple : $\frac{5}{9}$ est plus petit que $\frac{5}{6}$.

Car on prend un même nombre de parties de l'unité, puisque le numérateur est le même. Mais dans la première fraction ces parties sont plus petites que dans la seconde, puisque la même unité y est divisée en un plus grand nombre de parties, le dénominateur étant plus grand.

16. *Si le dénominateur devient deux fois, trois fois, etc., plus petit, le numérateur restant le même, la fraction devient deux fois, trois fois, etc., plus grande.*

Exemple : $\frac{2}{7}$ est trois fois plus grand que $\frac{2}{21}$, puisque, dans la première de ces fractions, les parties égales de l'unité sont trois fois plus grandes et qu'on en prend le même nombre.

Donc on multiplie encore une fraction par un nombre entier, en divisant, quand cela est possible, son dénominateur par cet entier, sans toucher à son numérateur.

17. *Si le dénominateur devient deux fois, trois fois, etc., plus grand, le numérateur restant le même, la fraction devient deux fois, trois fois, etc., plus petite.*

Exemple : $\frac{6}{45}$ est 5 fois plus petit que $\frac{6}{9}$. Car, dans la première fraction, les parties de l'unité sont 5 fois plus petites, et on en prend le même nombre que dans la seconde.

Donc on divise encore une fraction par un nombre entier, en multipliant son dénominateur par cet entier, sans toucher au numérateur.

Ces conséquences sont importantes ; seules elles expliquent la multiplication et la division d'une fraction par un nombre entier.

18. *On ne change pas la valeur d'une fraction en multipliant à la fois les deux termes par le même nombre.*

Soit la fraction $\frac{3}{6}$; si je multiplie à la fois ses deux termes par 4, j'obtiens $\frac{12}{24}$. Je dis que $\frac{12}{24}$ a précisément, sous une autre forme, la même valeur que $\frac{3}{6}$. En effet, en multipliant le numérateur seul par 4, j'ai une nouvelle fraction $\frac{12}{6}$ qui est 4 fois plus grande que $\frac{3}{6}$, puisqu'on prend 4 fois plus de parties égales de l'unité. (N° 13, même chapitre.)

Mais en multipliant, dans cette nouvelle fraction, le dénominateur par 4, on obtient une troisième fraction $\frac{12}{24}$, 4 fois plus petite, puisque l'unité est divisée en 4 fois plus de parties égales. (N° 17, même chapitre.)

La fraction $\frac{3}{6}$ et la fraction $\frac{12}{24}$ qui sont toutes deux 4 fois plus petites que $\frac{12}{6}$ sont donc égales entre elles.

Remarque. C'est sur ce principe qu'est fondée la réduction des fractions au même dénominateur.

19. *De même, on ne change pas la valeur d'une fraction en divisant, quand cela est possible, les deux termes par le même nombre.*

Soit la fraction $\frac{9}{12}$; si je divise à la fois ses deux termes par 3, j'obtiens $\frac{3}{4}$. Je dis que $\frac{3}{4}$ a précisément, sous une autre forme, la même valeur que $\frac{9}{12}$. En effet, en divisant le numérateur par 3, on a une nouvelle fraction $\frac{3}{12}$ 3 fois plus petite, puisqu'on prend 3 fois moins de parties égales de l'unité. (N° 14, même chapitre.)

Mais, dans la fraction $\frac{3}{12}$, si l'on divise le dénominateur par 3, on a une autre fraction $\frac{3}{4}$ 3 fois plus grande que $\frac{3}{12}$, puisque l'unité est divisée en 4 fois moins de parties égales. (N° 16, même chapitre.)

La fraction $\frac{9}{12}$ est donc, comme la fraction $\frac{3}{4}$, 3 fois plus grande que $\frac{3}{12}$; donc $\frac{9}{12} = \frac{3}{4}$.

Remarque. Sur ce principe repose la réduction des fractions à leur plus simple expression.

Mais il ne faudrait pas, par simple analogie, conclure de ce principe fondamental, qu'une fraction ne change pas de valeur lorsqu'on ajoute le même nombre à ses deux termes, ou qu'on retranche le même nombre de ses deux termes.

20. *On augmente la valeur d'une fraction en ajoutant un même nombre aux deux termes de cette fraction.*

Soit la fraction $\frac{3}{8}$. Si j'ajoute 4 à chacun de ses termes, il vient $\frac{7}{12}$, fraction plus grande que la première ; car il ne lui manque que $\frac{5}{12}$ pour valoir une unité, tandis qu'il manque $\frac{5}{8}$ à la première; or $\frac{1}{8}$ est plus grand que $\frac{1}{12}$; donc $\frac{5}{8}$ est plus grand que $\frac{5}{12}$; donc il manque plus à la première fraction qu'à la seconde, pour valoir une unité; donc la seconde fraction $\frac{7}{12}$ est plus grande que la première $\frac{3}{8}$.

21. *On diminue la valeur d'une fraction, en retranchant un même nombre des deux termes de cette fraction.*

22. *On diminue la valeur d'un nombre fractionnaire en ajoutant un même nombre aux deux termes de ce nombre fractionnaire.*

Soit le nombre fractionnaire $\frac{9}{4}$. Si j'ajoute 7 à chacun des deux termes, il vient $\frac{16}{11}$, qui ne surpasse l'unité que de $\frac{5}{11}$, tandis que le nombre fractionnaire donné le surpasse de $\frac{5}{4}$. Or, $\frac{1}{4}$ est plus grand que $\frac{1}{11}$, donc $\frac{5}{4}$ est plus grand que $\frac{5}{11}$; donc le premier nombre fractionnaire $\frac{9}{4}$ surpasse plus l'unité que le second $\frac{16}{11}$; donc le second nombre fractionnaire $\frac{16}{11}$ est plus petit que le premier $\frac{9}{4}$.

23. *On augmente la valeur d'un nombre fractionnaire en retranchant un même nombre des deux termes de ce nombre fractionnaire.*

QUESTIONNAIRE.

Qu'est-ce qu'une fraction? 1.— Quel nom donne-t-on au nombre qui indique en combien de parties l'unité est divisée? 2. — Quel est le nom du nombre qui indique combien l'on prend de ces parties? 3. — Le numérateur et le dénominateur n'ont-ils pas une dénomination commune? 4.— Comment écrit-on une fraction? 5. — Comment l'énonce-t-on? 6.— Comment peut-on considérer une fraction? 7.— Qu'entend-on par une fraction proprement dite? — Par un nombre fractionnaire? 8. — Comment extrait-on les entiers qui se trouvent contenus dans un nombre fractionnaire? 9.— Comment fait-on pour réduire des entiers accompagnés d'une fraction, le tout en fraction? 10. — D'où dépend la valeur d'une fraction? 11. — Que devient une fraction si on augmente son numérateur, le dénominateur restant le même? 12. — Que devient une fraction si le numérateur devient deux fois, trois fois, etc., plus grand, le dénominateur restant le même? 13. — Que devient une fraction si le numérateur devient deux fois, trois fois, etc., plus petit, le dénominateur restant le même? 14. — Que devient une fraction si le dénominateur augmente, le numérateur restant le même? 15. — Que devient une fraction si le dénominateur devient deux fois, trois fois, etc., plus petit? 16. — Que devient une fraction si le dénominateur devient deux fois, trois fois, etc., plus grand, le numérateur restant le même? 17. — Peut-on multiplier, sans changer la valeur d'une fraction, ses deux termes par le même nombre? 18. — Peut-on diviser, sans changer la valeur d'une fraction, ses deux termes par le même nombre? 19. — Quel changement fait-on subir à une fraction si l'on ajoute un même nombre à ses deux termes? 20. — Quel changement fait-on subir à une fraction lorsqu'on retranche un même nombre de ses deux termes? 21. — Quel changement fait-on subir à un nombre fractionnaire, en ajoutant un même nombre à ses deux termes? 22.— Quel changement fait-on subir à un nombre fractionnaire, en retranchant un même nombre de ses deux termes? 23.

Exercices.

1) Dans les fractions $\frac{3}{4}$, $\frac{4}{5}$, $\frac{8}{9}$, dire quel est le numérateur et quel est le dénominateur.

2) Ecrire en chiffres les fractions *trois septièmes*, *onze vingt-quatrièmes*, *vingt trentièmes*, *trente cinquante-deuxièmes*.

3.) Ecrire en lettres les fractions :

$$\frac{3}{9}, \frac{11}{37}, \frac{49}{60}, \frac{17}{41}, \frac{21}{51}.$$

4.) Extraire les entiers des nombres fractionnaires suivants

$$\frac{8}{2}, \frac{37}{6}, \frac{274}{9}, \frac{679}{11}, \frac{8745}{16}, \frac{9317}{26}, \frac{14787}{539}, \frac{37948}{4713}.$$

5.) Réduire :

8 en quarts.	54 en neuvièmes.
9 en cinquièmes.	57 en dixièmes.
12 en sixièmes.	62 en treizièmes.
29 en septièmes.	75 en quinzièmes.
32 en huitièmes.	87 en seizièmes.

6.) Réduire les entiers et les fractions, le tout en fractions, dans les expressions suivantes :

$$5\ \frac{1}{3},\ 9\ \frac{2}{3},\ 14\ \frac{3}{5},\ 16\ \frac{5}{6},\ 18\ \frac{7}{12},\ 28\ \frac{14}{21},\ 768\ \frac{22}{31}.$$

7.) Rendre 8 fois plus grand $\frac{5}{6}$; rendre 12 fois plus grand $\frac{15}{19}$.

Rendre 9 fois plus petit $\frac{6}{8}$; rendre 5 fois plus petit $\frac{8}{9}$.

Quel est le nombre 4 fois plus grand que $\frac{5}{6}$?

Quel est le nombre 7 fois plus grand que $\frac{7}{9}$?

Quel est le nombre 9 fois plus petit que $\frac{3}{4}$?

Quel est le nombre 8 fois plus petit que $\frac{4}{7}$?

RÉDUCTION DES FRACTIONS AU MÊME DÉNOMINATEUR.

1. La réduction des fractions au même dénominateur est une opération qui a pour but de changer les fractions proposées en d'autres fractions équivalentes et qui aient toutes le même dénominateur.

2. *Pour réduire deux fractions au même dénominateur, on multiplie les deux termes de la première par le dénominateur de la seconde, et réciproquement les deux termes de la seconde, chacun par le dénominateur de la première.*

Exemple : Réduire au même dénominateur les fractions :

$$\frac{3}{4} \text{ et } \frac{2}{5}$$

Je multiplie les deux termes de la première fraction par 5, et les deux termes de la seconde par 4.

J'obtiens ainsi $\frac{15}{20}$ et $\frac{8}{20}$.

Les fractions n'ont pas changé de valeur, puisque j'ai multiplié les deux termes de chacune par un même nombre; et elles ont nécessairement le même dénominateur, puisque le dénominateur de chacune d'elles est le produit des deux dénominateurs primitifs 4 et 5.

Règle générale. — *Pour réduire plusieurs fractions au même dénominateur, on multiplie les deux termes de chacune d'elles par le produit des dénominateurs des autres fractions.*

Exemple : Réduire au même dénominateur les fractions :

$$\frac{2}{3} \quad \frac{4}{5} \quad \frac{6}{8} \quad \frac{3}{4}$$

En faisant l'application de la règle ci-dessus, je trouve que :

$$\frac{2}{3} = \frac{2\times5\times8\times4}{3\times5\times8\times4} \text{ ou } \frac{320}{480}$$
$$\frac{4}{5} = \frac{4\times3\times8\times4}{5\times3\times8\times4} \text{ ou } \frac{384}{480}$$
$$\frac{6}{8} = \frac{6\times3\times5\times4}{8\times3\times5\times4} \text{ ou } \frac{360}{480}$$
$$\frac{3}{4} = \frac{3\times3\times5\times8}{4\times3\times5\times8} \text{ ou } \frac{360}{480}$$

Les fractions n'ont pas changé de valeur, car j'ai multiplié les deux termes de chacune par un même nombre, et elles ont nécessairement le même dénominateur, puisque le dénominateur de chacune d'elles est formé du produit des quatre dénominateurs 3, 5, 8 et .

4. *Si le plus grand dénominateur des fractions proposées est divisible par chacun des autres dénominateurs, on effectue ces divisions, ensuite on multiplie les deux termes de chaque fraction par le quotient correspondant à cette fraction.*

Exemple : $\frac{2}{3}$, $\frac{3}{8}$, $\frac{3}{4}$, $\frac{15}{24}$; pour ces fractions, 24 est le dénominateur commun le plus simple ; je le divise par les autres dénominateurs, les quotients sont : 8, 3, 6. Puis multipliant les deux termes de chaque fraction par le quotient qui lui correspond, les fractions proposées deviennent, $\frac{16}{24}$, $\frac{9}{24}$, $\frac{18}{24}$, $\frac{15}{24}$.

5. Il peut arriver qu'aucun des *dénominateurs* ne contienne exactement les autres, et que cependant ils aient des *facteurs communs*. On peut encore, dans ce cas, trouver un dénominateur plus simple que par la méthode générale. C'est par l'emploi du *plus petit commun multiple*.

Soient, par exemple, les fractions suivantes qu'on propose de réduire au même dénominateur, $\frac{5}{6}$, $\frac{3}{24}$, $\frac{7}{90}$.

En décomposant le dénominateur de chacune d'elles, on a :

$$6=2\times 3,\ 24=2\times 2\times 2\times 3,\ 90=2\times 3\times 3\times 5$$

Les trois fractions proposées peuvent donc s'écrire ainsi :

$$\frac{5}{2\times 3} \quad \frac{3}{2\times 2\times 2\times 3} \quad \frac{7}{2\times 3\times 3\times 5}$$

Le plus petit commun multiple des trois dénominateurs primitifs est le produit de tous les facteurs *premiers différents*, et chacun de ces facteurs y est répété autant de fois que dans celui qui le contient le plus ; on a donc pour plus petit commun multiple :

$$2\times 2\times 2\times 3\times 3\times 5=360.$$

En divisant ce nombre par chacun des dénominateurs des fractions proposées, on aura des quotients exacts, 60, 15, 4, puisqu'il contient tous les facteurs premiers différents qui entrent dans ces dénominateurs. Multipliant ensuite par chacun de ces quotients les deux termes de la fraction correspondante, on trouvera les trois fractions $\frac{300}{360}$, $\frac{45}{360}$, $\frac{28}{360}$, respectivement équivalentes aux fractions données.

Par la méthode ordinaire, le dénominateur commun serait 12960.

De ce qui précède, on tire la règle suivante:

On réduit encore des fractions au même dénominateur, en cherchant le plus petit commun multiple des dénominateurs donnés, et en le divisant par chacun de ces dénominateurs. Puis on multiplie les deux termes de chaque fraction par le quotient qui lui correspond.

Il est bon de simplifier d'abord les fractions, s'il y a lieu.

6. La réduction des fractions au même dénominateur permet d'apprécier leur grandeur relative, ce qui serait souvent très difficile sans cette opération.

QUESTIONNAIRE.

Qu'est-ce que réduire des fractions au même dénominateur? 1. — Quel est le procédé à suivre si l'on a seulement deux fractions? 2. — Dites la règle générale pour réduire autant de fractions qu'on veut au même dénominateur. 3. — N'avons-nous pas d'autres méthodes pour réduire des fractions au même dénominateur? 4 et 5. — Quelle est l'utilité de la réduction des fractions au même dénominateur? 6.

Exercices.

Réduire au même dénominateur les fractions :

1) $\frac{3}{4}$ et $\frac{6}{7}$

2) $\frac{2}{3}$ $\frac{5}{6}$ $\frac{7}{8}$ $\frac{10}{24}$

3) $\frac{1}{2}$ $\frac{3}{4}$ $\frac{7}{12}$ $\frac{11}{15}$ $\frac{25}{60}$

4) $\frac{1}{8}$ $\frac{9}{14}$ $\frac{7}{16}$ $\frac{8}{18}$ $\frac{1}{2}$

5) $\frac{1}{3}$ $\frac{3}{5}$ $\frac{5}{8}$ $\frac{9}{15}$ $\frac{10}{18}$

6) $\frac{14}{31}$ $\frac{18}{25}$ $\frac{21}{32}$ $\frac{25}{40}$ $\frac{32}{45}$

7) $\frac{1}{2}$ $\frac{3}{8}$ $\frac{4}{9}$ $\frac{13}{18}$ $\frac{21}{24}$

8) $\frac{2}{3}$ $\frac{2}{5}$ $\frac{4}{9}$ $\frac{13}{15}$ $\frac{28}{45}$

RÉDUCTION

DES FRACTIONS A LEUR PLUS SIMPLE EXPRESSION.

1. Réduire une fraction à sa plus simple expression, c'est trouver une fraction égale à une fraction proposée, mais dont les termes soient le plus petits possible, afin de se faire une idée plus nette de la portion d'unité qu'elle représente.

2. On réduit une fraction à sa plus simple expression en divisant ses deux termes par leur *plus grand commun divieur*.

Exemple : Soit la fraction $\frac{1078}{1386}$.

Je cherche le plus grand commun diviseur, qui est 154, divisant les deux termes 1078 et 1386 par 154, j'obtiens $\frac{7}{9}$ quiexprime en effet, d'une manière beaucoup plus simple, la même portion de l'unité représentée par la fraction proposée.

3. Il est parfois plus rapide de simplifier la fraction au moyen des divisions successives ; c'est lorsque les

deux termes sont évidemment divisibles par un même nombre que l'on reconnaît, d'après les caractères de divisibilité.

Ainsi, la fraction $\frac{1260}{4620}$ a ses deux termes évidemment divisibles par 10, ce qui donne $\frac{126}{462}$, fraction plus simple que la fraction proposée. Les deux termes de cette nouvelle fraction sont évidemment divisibles par 2; effectuant la division par ce nombre, on obtient $\frac{63}{231}$. Cette fraction, beaucoup plus simple, peut encore être simplifiée, puisque ses deux termes sont divisibles par 3. Opérant cette division, on trouve $\frac{21}{77}$. Divisant enfin les deux termes de cette dernière fraction par 7, elle se change en $\frac{3}{11}$.

Si cette dernière fraction n'était pas réduite à sa plus simple expression, je diviserais ses deux termes par leur *plus grand commun diviseur*, dont la recherche serait plus simple que celle des deux termes de la fraction primitive.

Si la fraction avait ses deux termes décomposés en leurs *facteurs premiers*, on la simplifierait immédiatement en supprimant les *facteurs communs* aux deux termes de la fraction.

Exemple : Soit encore la fraction $\frac{1260}{4620}$ qui peut s'écrire :

$$\frac{2 \times 2 \times 3 \times 3 \times 5 \times 7}{2 \times 2 \times 3 \times 5 \times 7 \times 11}$$

Supprimant les facteurs communs au numérateur et au dénominateur, la fraction devient $\frac{3}{11}$ et ne peut plus être simplifiée.

4. Une fraction est dite *irréductible* lorsqu'elle ne peut être exprimée par une fraction de même valeur, dont les termes soient moindres ; les deux termes sont alors premiers entre eux.

Exemple : $\frac{9}{10}$, $\frac{7}{12}$.

5. Lorsque la fraction ne peut être simplifiée, qu'elle est irréductible, on peut en obtenir une valeur approximative, en divisant ses deux termes par le numérateur.

Exemple : $\frac{3425}{14297}$.

Les deux termes de cette fraction sont des nombres premiers entre eux; car si l'on cherche leur plus grand commun diviseur, on trouve 1 pour résultat. Divisant les deux termes par le numérateur, je trouve 1 pour le numérateur, et pour le dénominateur un quotient compris entre 4 et 5; la fraction proposée est donc comprise entre $\frac{1}{4}$ et $\frac{1}{5}$.

QUESTIONNAIRE.

Qu'est-ce que réduire une fraction à sa plus simple expression? 1. — Comment réduit-on une fraction à sa plus simple expression? 2. — Qu'est-ce qu'une fraction irréductible? 3. — Comment trouve-t-on une valeur approximative d'une fraction irréductible? 4.

Exercices.

Réduire à leur plus simple expression les fractions :

1) $\frac{42}{51}, \frac{51}{57}, \frac{612}{900}, \frac{1920}{1980}$. | 2) $\frac{54}{114}, \frac{112}{147}, \frac{1728}{2502}, \frac{1001}{1207}$.

3) $\frac{1078}{1080}, \frac{506}{924}, \frac{6980}{39270}, \frac{94380}{141570}$, | 4) $\frac{50}{200}, \frac{165}{257}, \frac{725}{1050}, \frac{28760}{39600}$.

ADDITION DES FRACTIONS.

1. Dans l'addition des fractions, il y a deux cas à considérer : le premier cas est celui où les fractions ont le même dénominateur; le deuxième cas est celui où les fractions ont un dénominateur différent.

2. Premier cas. — *Pour additionner deux ou plusieurs fractions qui ont le même dénominateur, on ajoute les numérateurs et l'on donne à la somme, pour dénominateur, le dénominateur commun des fractions additionnées.*

Exemple : Soit à additionner les fractions

$$\frac{1}{7}, \frac{3}{7}, \frac{5}{7}, \frac{6}{7} = \frac{15}{7} = 2\ \frac{1}{7}.$$

J'ajoute les numérateurs; la somme est 15, j'écris au-dessous le dénominateur 7 et j'obtiens $\frac{15}{7}$ pour la somme des fractions proposées, et extrayant les entiers, $2\ \frac{1}{7}$.

En effet, les dénominateurs étant les mêmes, tous les numérateurs indiquent la même partie d'unité, et, pour savoir combien il y a de ces parties, il suffit d'additionner les nombres qui les représentent, c'est-à-dire les numérateurs.

3. Deuxième cas. —*Pour additionner deux ou plusieurs fractions qui n'ont pas le même dénominateur, on commence par les y réduire et l'on opère comme dans le premier cas.*

Exemple : Soit à additionner les fractions

$$\frac{1}{2}, \frac{2}{3}, \frac{3}{4}, \frac{5}{6}.$$

Je réduis les fractions au même dénominateur, ce qui donne $\frac{72}{144}$, $\frac{96}{144}$, $\frac{108}{144}$, $\frac{120}{144}$. Puis, additionnant les numérateurs et donnant à la somme le dénominateur commun 144, j'obtiens $\frac{396}{144} = 2 + \frac{108}{144} = 2 + \frac{3}{4}$.

4. *Pour additionner des nombres fractionnaires, on fait d'abord la somme des fractions, de cette somme on extrait les entiers s'il y a lieu, qu'on ajoute aux entiers des nombres proposés.*

Exemple : Soit à additionner $8\ \frac{3}{4}$, $12\ \frac{5}{6}$, $15\ \frac{7}{9}$.

Je remarque que 36 peut servir de dénominateur commun; les fractions $\frac{3}{4}$, $\frac{5}{6}$, $\frac{7}{9}$, sont équivalentes aux fractions $\frac{27}{36}$, $\frac{30}{36}$, $\frac{28}{36}$ dont la somme est $\frac{85}{36}$, $=2+\frac{13}{36}$

$$\begin{array}{rr} 8 & \frac{27}{36} \\ 12 & \frac{30}{36} \\ 15 & \frac{28}{36} \\ \hline 37 + & \frac{13}{36} \end{array}$$

Je pose $\frac{13}{36}$ et je retiens 2, que j'ajoute aux entiers, ce qui donne $2+8+12+15=37$. Ainsi la somme cherchée est $37\frac{13}{36}$. On pourrait d'ailleurs disposer le calcul comme ci-dessus.

QUESTIONNAIRE.

Combien considère-t-on de cas dans l'addition des fractions? 1. — Comment additionne-t-on des fractions qui ont le même dénominateur? 2. — Comment additionne-t-on des fractions qui ont un dénominateur différent? 3. — Comment additionne-t-on des nombres fractionnaires? 4.

Exercices.

Faire les additions suivantes :

1) $\frac{5}{7}$ $\frac{3}{7}$ $\frac{4}{7}$ $\frac{5}{7}$

2) $\frac{5}{6}$ $\frac{7}{9}$ $\frac{3}{4}$ $\frac{5}{8}$ $\frac{2}{3}$

3) $\frac{8}{15}$ $\frac{14}{17}$ $\frac{15}{20}$ $\frac{12}{60}$ $\frac{10}{27}$

4) $\frac{7}{10}$ $\frac{10}{12}$ $\frac{11}{15}$ $\frac{12}{60}$ $\frac{15}{78}$

5) $\frac{3}{7}$ $\frac{6}{11}$ $\frac{11}{17}$ $\frac{17}{19}$

6) $\frac{9}{12}$ $\frac{15}{18}$ $\frac{22}{40}$ $\frac{32}{55}$ $\frac{48}{75}$

7) $4\frac{2}{3}$ $8\frac{5}{7}$ $11\frac{12}{19}$ $13\frac{15}{24}$

8) $48\frac{1}{2}$ $56\frac{3}{4}$ $67\frac{5}{6}$ $78\frac{7}{9}$

Problèmes sur l'addition des fractions.

1. On a coupé 4 mètres $\frac{7}{9}$ d'une pièce de toile, et il en reste 27 mètres $\frac{4}{7}$. Quelle était la longueur de la pièce?

2. Un tailleur a quatre coupons de drap, savoir : $\frac{2}{3}$, $\frac{3}{5}$, $\frac{5}{6}$, $\frac{4}{9}$. Il veut connaître combien il y a de mètres?

3. On a fait faire 37 mètres $\frac{2}{3}$ d'ouvrage, 45 m. $\frac{3}{7}$, 25 m. $\frac{4}{9}$, 41 m. $\frac{2}{11}$ et 47 m. $\frac{5}{12}$. Quel est le total?

4. Quatre caisses pèsent, la première 36 kilog. $\frac{11}{17}$, la deuxième 39 k. $\frac{2}{3}$, la troisième 72 k. $\frac{4}{7}$, et la quatrième 83 k. $\frac{3}{4}$. Quel est le poids total ?

5. Les $\frac{3}{4}$ et le $\frac{1}{8}$ d'un nombre réunis font 47. Quel est ce nombre ?

6. Trois fontaines coulent ensemble dans un bassin : la première pourrait le remplir en 12 heures, la deuxième en 17 heures et la troisième en 22. On demande la portion du bassin remplie par les trois fontaines en 1 heure ?

7. Un ouvrier a travaillé un 1er jour 7 heures $\frac{3}{4}$, un 2e jour 8 h. $\frac{4}{5}$, un 3e jour 10 $\frac{7}{8}$. Combien a-t-il travaillé de temps pendant ces trois jours?

8. Un marchand de vin a mis dans un broc $\frac{8}{11}$, puis $\frac{3}{7}$, $\frac{5}{8}$, $\frac{10}{13}$ de litre. Combien de litres ou fractions de litre le broc contient-il?

9. En diverses opérations un spéculateur a gagné : $\frac{1}{210}$, $\frac{5}{120}$, $\frac{1}{12}$, $\frac{7}{135}$, $\frac{3}{40}$ et $\frac{7}{30}$ d'une somme. Quelle portion de la somme a-t-il gagnée en tout ?

10. Un débiteur convient avec son créancier de lui donner successivement pendant sept mois les parties suivantes de sa dette : $\frac{1}{15}$, $\frac{2}{27}$, $\frac{1}{30}$, $\frac{3}{42}$, $\frac{1}{35}$, $\frac{1}{40}$ et $\frac{9}{44}$. Quelle partie de sa dette aura-t-il payée au bout des sept mois?

SOUSTRACTION DES FRACTIONS.

1. Dans la soustraction des fractions, comme dans l'addition, il y a deux cas à considérer : le premier cas est celui où les fractions ont le même dénominateur ; le deuxième cas est celui où les fractions ont un dénominateur différent.

2. Premier cas.— *Pour retrancher l'une de l'autre deux fractions qui ont le même dénominateur, on soustrait le plus petit numérateur du plus grand, et l'on donne au reste, pour dénominateur, le dénominateur commun.*

Exemple : Soit à retrancher de $\frac{7}{9}$ la fraction $\frac{5}{9}$.

$$\frac{7}{9} - \frac{5}{9} = \frac{2}{9}$$

je retranche 5 de 7, ce qui donne 2, j'écris au-dessous le dénominateur 9. La différence cherchée est $\frac{2}{9}$.

En effet, les dénominateurs des deux fractions étant les mêmes, les numérateurs indiquent la même partie d'unité; et, pour savoir combien l'un en contient de plus que l'autre, il suffit de retrancher le plus petit numérateur du plus grand.

3. Deuxième cas —*Pour retrancher l'une de l'autre deux fractions qui n'ont pas le même dénominateur, il faut les y réduire, et opérer comme dans le premier cas.*

Exemple : Soit à retrancher de $\frac{7}{8}$ la fraction $\frac{4}{9}$.

$$\frac{7}{8} = \frac{63}{72} \qquad \frac{4}{9} = \frac{32}{72} \qquad \frac{63}{72} - \frac{32}{72} = \frac{31}{72}$$

je réduis les fractions $\frac{7}{8}$ et $\frac{4}{9}$ au même dénominateur; elles équivalent à $\frac{63}{72}$ et $\frac{32}{72}$. Puis, retranchant $\frac{32}{72}$ de $\frac{63}{72}$, j'obtiens $\frac{31}{72}$ pour résultat.

4. *Lorsque l'on a un nombre fractionnaire à retrancher*

d'un nombre fractionnaire, on retranche d'abord les deux fractions l'une de l'autre, puis on fait la soustraction des nombres entiers. Si la fraction à soustraire est plus grande que celle dont on la soustrait, on ajoute à la fraction trop petite une unité réduite en parties de même espèce que celles des deux fractions, afin de rendre la soustraction possible. Mais par compensation on augmente d'une unité l'entier qu'on doit soustraire.

Exemple : Soit à retrancher de 14 $\frac{1}{3}$ le nombre 5 $\frac{3}{4}$.

En réduisant les fractions au même dénominateur, j'ai $\frac{9}{12}$ à retrancher de 14 $\frac{4}{12}$.

Je commence par la soustraction des fractions; je remarque que je ne puis retrancher $\frac{9}{12}$ de $\frac{4}{12}$, j'ajoute 1 unité ou $\frac{12}{12}$ à cette dernière fraction, ce qui donne $\frac{16}{12}$, de laquelle retranchant $\frac{9}{12}$, je trouve $\frac{7}{12}$; maintenant, pour compenser l'augmentation qu'a subie le plus grand nombre, j'ajoute 1 unité au plus petit et je retranche 6 de 14, ce qui donne 8. Ainsi, il reste 8 $\frac{7}{12}$.

Si l'on avait à soustraire un nombre fractionnaire d'un nombre entier, par exemple 5 $\frac{2}{3}$ à retrancher de 9, on ajouterait $\frac{3}{3}$ à ce dernier nombre, ensuite 1 unité à 5 et l'on trouverait pour résultat 3 $\frac{1}{3}$.

On pourrait aussi réduire les entiers et les fractions le tout en fractions, et opérer selon la règle générale.

QUESTIONNAIRE.

Combien considère-t-on de cas dans la soustraction des fractions? 1. — Comment retranche-t-on l'une de l'autre deux fractions qui ont le même dénominateur? 2. — Comment retranche-t-on l'une de l'autre deux fractions qui n'ont pas le même dénominateur? 3. — Comment soustrait-on un nombre fractionnaire d'un nombre fractionnaire? 4.

Exercices sur la soustraction des fractions.

Faire les soustractions suivantes :

1)	$\frac{4}{5} - \frac{2}{5}$	5)	$\frac{7}{10} - \frac{5}{11}$	9)	$\frac{3}{4} - \frac{1}{2}$
2)	$\frac{7}{8} - \frac{3}{8}$	6)	$\frac{18}{19} - \frac{21}{28}$	10)	$\frac{15}{27} - \frac{7}{21}$
3)	$\frac{9}{12} - \frac{6}{15}$	7)	$\frac{17}{18} - \frac{14}{23}$	11)	$\frac{84}{92} - \frac{42}{75}$
4)	$\frac{15}{10} - \frac{11}{25}$	8)	$\frac{38}{40} - \frac{42}{51}$	12)	$\frac{72}{100} - \frac{49}{99}$

Problèmes sur la soustraction des fractions.

1. J'avais acheté 34 mètres $\frac{3}{4}$ de drap, on m'en a livré 25 m. $\frac{7}{8}$. Combien dois-je en recevoir encore ?

2. Quel est le nombre qui, étant ôté de 87 $\frac{3}{8}$, donne 75 $\frac{4}{11}$ pour reste ?

3. Deux fontaines donnent, la première 15 litres en 4 heures, et la seconde 24 litres en 6 heures. On demande quelle est celle qui fournit le plus ?

4. La hauteur d'un premier point est de 3 mètres $\frac{1}{2}$; celle d'un second point est de 2 mètres $\frac{3}{4}$. Quelle est la hauteur de l'un sur l'autre ?

5. On a fait en trois fois les $\frac{2}{9}$, les $\frac{3}{7}$ et les $\frac{3}{14}$ d'un ouvrage. Quelle portion de l'ouvrage reste-t-il à faire pour l'achever ?

6. On paie à un ouvrier $\frac{4}{27}$ du salaire journalier, à un autre $\frac{3}{25}$ de ce même salaire; quel est celui qui reçoit le plus ?

7. Lequel est le mieux traité de deux héritiers dont l'un reçoit $\frac{19}{48}$ et l'autre $\frac{21}{46}$ d'un héritage, et de quelle part de l'héritage est-il avantagé ?

8. Quelle fraction du mètre exprime la différence entre $\frac{4}{7}$ et $\frac{5}{8}$ du mètre ?

9. Une bouteille contient $\frac{19}{23}$ de litre; une autre $\frac{17}{27}$; quelle est la fraction de litre qui forme la différence ?

10. Un marchand a acheté les $\frac{23}{34}$ d'une pièce d'étoffe et en a revendu les $\frac{7}{9}$; quelle fraction de la pièce lui reste-t-il ?

MULTIPLICATION DES FRACTIONS.

1. *La multiplication des fractions a pour but, comme celle des nombres entiers, de chercher un nombre appelé produit, qui soit composé avec le multiplicande comme le multiplicateur est composé avec l'unité.*

Elle présente trois cas différents :

PREMIER CAS. — *Une fraction à multiplier par un nombre entier.*

DEUXIÈME CAS. — *Un nombre entier à multiplier par une fraction.*

TROISIÈME CAS. — *Une fraction à multiplier par une fraction.*

PREMIER CAS. — *Le multiplicateur est un nombre entier.*

2. *Pour multiplier une fraction par un nombre entier, on multiplie le numérateur de la fraction par le nombre entier, le dénominateur restant le même,* ou bien *on divise, quand cela est possible, le dénominateur de la fraction par le nombre entier, le numérateur restant le même.*

Exemple : Soit $\frac{7}{12}$ à multiplier par 4.

D'après la règle ci-dessus, je multiplie le numérateur 7 par 4, et sous le produit 28 j'écris le dénominateur 12. J'obtiens $\frac{28}{12} = 2\frac{4}{12} = 2\frac{1}{3}$, après avoir extrait les entiers ; ou bien, divisant le dénominateur 12 par 4, le numérateur ne changeant pas, je trouve pour résultat $\frac{7}{3} = 2\frac{1}{3}$, qui est identique au précédent.

En effet, multiplier $\frac{7}{12}$ par 4, c'est, d'après la définition de la multiplication, chercher un nombre appelé produit qui soit composé avec le multiplicande $\frac{7}{12}$, comme le multiplicatteur 4 est composé avec l'unité. Or, comme 4 se compose de 4 fois l'unité, le produit se composera de 4 fois $\frac{7}{12}$. C'est-à-dire qu'au lieu de prendre 7 douzièmes, il faudra prendre 4 fois 7 douzièmes, ou $\frac{28}{12} = 2\frac{4}{12}$ ou $2\frac{1}{3}$. Le produit $\frac{28}{12}$ est plus grand que le multiplicande $\frac{7}{12}$, puisqu'il est égal à 4 fois $\frac{7}{12}$; mais il est plus petit que le multiplicateur 4, parce qu'il résulte de 4 fois la répétition d'un nombre plus petit que 1, tandis que 4 résulte de 4 fois 1.

Deuxième cas. — *Le multiplicateur est une fraction et le multiplicande un nombre entier.*

3 *Pour multiplier un nombre entier par une fraction, on multiplie le nombre entier par le numérateur de la fraction, et l'on donne au produit le dénominateur de la fraction.*

Exemple : Soit 8 à multiplier par $\frac{3}{4}$.

D'après la règle énoncée ci-dessus, je multiplie le nombre entier 8 par le numérateur 3, et sous le produit 24 j'écris le dénominateur 4.

$$8 \times \frac{3}{4} = \frac{24}{4} \text{ ou 6 entiers.}$$

En effet, multiplier 8 par $\frac{3}{4}$, c'est chercher un nombre qui soit composé avec 8 comme $\frac{3}{4}$ est composé avec l'unité. Or, $\frac{3}{4}$ est trois fois le quart de l'unité, donc le produit sera 3 fois le quart de 8; mais le $\frac{1}{4}$ de 8 étant $\frac{8}{4}$, les $\frac{3}{4}$ seront $\frac{24}{4}$ ou 6 unités après extraction des entiers.

Il ressort de cette démonstration une vérité essentielle à remarquer.

Multiplier un nombre par une fraction, c'est prendre cette fraction même de ce nombre. Cela résulte de la définition de la multiplication.

Le produit $\frac{24}{4}$ est plus petit que le multiplicande 8, parce que $\frac{24}{4}$ n'est que les $\frac{3}{4}$ de 8, d'après le raisonnement qui vient d'être fait. Ce même produit $\frac{24}{4}$ est plus grand que $\frac{3}{4}$, parce que les $\frac{3}{4}$ de 8 sont nécessairement plus grands que les $\frac{3}{4}$ de 1.

TROISIÈME CAS. — *Multiplication d'une fraction par une fraction.*

4. *Pour multiplier deux fractions l'une par l'autre, il faut faire le produit des numérateurs et écrire sous ce produit celui des dénominateurs.*

Exemple : Soit $\frac{3}{5}$ à multiplier par $\frac{4}{7}$.

D'après la règle ci-dessus, je fais le produit des numérateurs et des dénominateurs ; j'obtiens :

$$\frac{3}{5} \times \frac{4}{7} \times \frac{12}{35} \text{ pour résultat.}$$

En effet, multiplier $\frac{3}{5}$ par $\frac{4}{7}$ c'est chercher un nombre qui soit composé avec $\frac{3}{5}$ comme $\frac{4}{7}$ est composé avec l'unité 1. Or, $\frac{4}{7}$ est 4 fois le septième de 1, donc le produit sera 4 fois le septième de $\frac{3}{5}$; mais le $\frac{1}{7}$ de $\frac{3}{5}$ étant $\frac{3}{5 \times 7}$ ou $\frac{3}{35}$, les $\frac{4}{7}$ seront $\frac{3 \times 4}{5 \times 7} = \frac{12}{35}$.

Le produit $\frac{12}{35}$ est plus petit que le multiplicande $\frac{3}{5}$ parce qu'il est les $\frac{4}{7}$ de $\frac{3}{5}$. Il est aussi plus petit que $\frac{4}{7}$, parceque $\frac{12}{35}$ sont les $\frac{4}{7}$ de $\frac{3}{5}$, quantité plus petite que 1, tandisque $\frac{4}{7}$ sont les $\frac{4}{7}$ de 1.

5. *Si l'on a des nombres fractionnaires à multiplier par des nombres fractionnaires, ce cas revient simplement à*

multiplier deux fractions l'une par l'autre, en réduisant les entiers en l'espèce de fraction qui les accompagne.

Exemple: Soit $8\frac{2}{3}$ à multiplier par $5\frac{3}{4}$. Je réduis les entiers en fractions.

En étudiant les fractions ordinaires, nous avons vu comment on exécute cette réduction :

Je trouve que $8\frac{2}{3} = \frac{26}{3}$.

et que $5\frac{3}{4} = \frac{23}{4}$.

L'opération est ramenée à multiplier $\frac{26}{3}$ par $\frac{23}{4}$; je fais le produit des numérateurs, sous ce produit j'écris celui des dénominateurs.

On aura $\frac{26}{3} \times \frac{23}{4} = \frac{598}{12} = 49 + \frac{10}{12} = 49 + \frac{5}{6}$.

6. *On nomme fraction de fraction une ou plusieurs parties d'une fraction divisée en parties égales.*

Ainsi, les $\frac{5}{6}$ de $\frac{9}{7}$ forment une fraction de fraction. Les $\frac{3}{4}$ des $\frac{5}{9}$ de $\frac{7}{12}$ forment une fraction d'une fraction de fraction, qu'on nomme simplement *une fraction de fraction.*

7. Pour évaluer une fraction de fraction, on multiplie tous les numérateurs entre eux, et ensuite tous les dénominateurs entre eux.

Exemple premier: Soit à évaluer les $\frac{5}{6}$ de $\frac{7}{9}$, c'est la multiplication de $\frac{7}{9}$ par $\frac{5}{6}$ ou $\frac{35}{54}$.

En effet, le $\frac{1}{6}$ de $\frac{7}{9}$ est $\frac{7}{9 \times 6}$ et les $\frac{5}{6}$ seront $\frac{5 \times 7}{9 \times 6} = \frac{35}{54}$.

Exemple deuxième: Soit à évaluer les $\frac{3}{4}$ des $\frac{5}{6}$ de $\frac{7}{9}$.

D'après la règle ci-dessus, je fais le produit des numérateurs, et j'écris au-dessous celui des dénominateurs, $\frac{7 \times 5 \times 3}{9 \times 6 \times 4} = \frac{105}{216} = \frac{35}{72}$.

En effet, nous venons de voir que les $\frac{5}{6}$ de $\frac{7}{9} = \frac{7 \times 5}{6 \times 9}$

et les $\frac{3}{4}$ de ce dernier résultat seront $\frac{7 \times 5 \times 3}{9 \times 6 \times 4} = \frac{105}{216} = \frac{35}{72}$.

QUESTIONNAIRE.

Quel est le but de la multiplication des fractions et combien de cas présente-t-elle? 1. — Comment multiplie-t-on une fraction par un nombre entier? 2. — Pourquoi le produit est-il plus grand que le multiplicande et plus petit que le multiplicateur? 2. — Comment multiplie-t-on un nombre entier par une fraction? 3. — Pourquoi le produit est-il plus petit que le multiplicande et plus grand que le multiplicateur? 3. — Comment multiplie-t-on une fraction par une fraction? 4. — Pourquoi le produit est-il plus petit que le multiplicande et plus petit que le multiplicateur? 4. — Comment multiplie-t-on des nombres fractionnaires par des nombres fractionnaires? 5. — Qu'est-ce qu'une fraction de fraction? 6. — Comment évalue-t-on une fraction de fraction? 7

Exercices sur la multiplication des fractions.

Multiplier :

1) $\frac{1}{6}$ par 3; $\frac{3}{6}$ par 4; $\frac{3}{29}$ par 8; $\frac{14}{27}$ par 9.

2) 9 par $\frac{5}{6}$; 17 par $\frac{3}{4}$; 87 par $\frac{69}{92}$; 95 par $\frac{127}{535}$.

3) $\frac{3}{5}$ par $\frac{2}{3}$; $\frac{4}{7}$ par $\frac{5}{12}$; $\frac{36}{59}$ par $\frac{27}{95}$; $\frac{41}{255}$ par $\frac{316}{657}$.

4) Prendre les $\frac{5}{9}$ des $\frac{3}{8}$ de $\frac{9}{11}$.

5) Prendre les $\frac{3}{4}$ des $\frac{7}{12}$ des $\frac{4}{5}$ de 17.

6) Prendre les $\frac{2}{3}$ des $\frac{3}{4}$ des $\frac{6}{10}$ de 32.

Problèmes sur la multiplication des fractions.

1. Quel est le prix de 6 mètres $\frac{3}{5}$, à raison de 16 francs le mètre?

2. Un voyageur a 248 kilomètres à faire en trois jours. Le premier jour, il fait les $\frac{2}{5}$ de la route; le second jour, il en fait $\frac{1}{3}$. On demande combien il a marché chaque jour?

3. Un voyageur fait $\frac{4}{5}$ de myriamètre par heure. Combien fera-t-il de kilomètres en 8 heures?

4. Que font les $\frac{8}{9}$ de 18 francs ajoutés aux $\frac{5}{6}$ de 54 francs?

5. Trois héritiers se partagent une succession qui s'élève à 24950 francs. Le premier en a les $\frac{2}{5}$; le second a les $\frac{3}{7}$ de ce qui reste; et le troisième le surplus. Quelle est la somme que retire chaque héritier?

6. Une famille consomme par jour 3 litres $\frac{2}{3}$ de vin, combien consomme-t-elle de vin par an (de 365 jours)?

7. Un ouvrier fait en 16 jours un certain ouvrage. On lui demande d'en faire en outre les $\frac{5}{8}$, combien lui faudra-t-il encore travailler de temps?

8. Le mètre d'une étoffe de soie coûte 14 francs; combien coûteront 18 m. $\frac{7}{9}$.

9. Dans un bureau de bienfaisance on doit distribuer à 128 pauvres $\frac{4}{7}$ de kilogramme de viande par tête. Quel poids total faut-il acheter?

10. Quels sont les $\frac{5}{12}$ du nombre 4992?

11. Un homme lègue à deux parents son bien, qui a une valeur de 118000 francs; il prescrit que l'on délivre les $\frac{3}{7}$ au premier et au second les $\frac{5}{6}$ de la part du premier. Le reste sera donné aux pauvres. Quelle sera la part du premier, celle du second et celle des pauvres?

12. Trouver les $\frac{18}{37}$ des $\frac{8}{9}$ des $\frac{3}{4}$ de 12849.

DIVISION DES FRACTIONS.

1. *La division des fractions a pour but, comme celle des nombres entiers, connaissant un produit de deux nombres, nommé dividende, et l'un de ces nombres nommé diviseur, de trouver l'autre nombre appelé quotient.*

Elle présente trois cas :

Premier cas. — *Une fraction à diviser par un nombre entier.*

Deuxième cas. — *Un nombre entier à diviser par une fraction.*

Troisième cas. — *Une fraction à diviser par une fraction.*

Premier cas. — *Fraction à diviser par un nombre entier.*

2. *Pour diviser une fraction par un nombre entier, on multiplie le dénominateur de la fraction par le nombre entier, le numérateur restant le même,* ou bien *quand la division peut se faire sans donner de reste, on divise le numérateur de la fraction par le nombre entier, le dénominateur restant le même.*

Exemple : Soit $\frac{9}{15}$ à diviser par 3.

Je multiplie le dénominateur 15 par 3, le numérateur restant le même, au lieu de la première fraction $\frac{9}{15}$, il vient $\frac{9}{45}$ que par simplification, on ramène à $\frac{1}{5}$. Ou bien, divisant le numérateur 9 par 3, le dénominateur restant le même, j'obtiens pour résultat $\frac{3}{15} = \frac{1}{5}$, qui est identique au précédent.

En effet, diviser $\frac{9}{15}$ par 3, c'est chercher un nombre appelé quotient qui, multiplié par le diviseur 3, reproduise le dividende $\frac{9}{15}$; or, multiplier un nombre par 3 c'est le répéter 3 fois; donc 3 fois le quotient est $\frac{9}{15}$; une fois le quotient sera donc 3 fois moindre que $\frac{19}{5} = \frac{9}{15 \times 3} = \frac{9}{45} = \frac{3}{15} = \frac{1}{5}$.

Il a été en effet établi précédemment, dans l'étude des fractions ordinaires, que l'on rend une fraction 3 fois plus petite, soit en divisant son numérateur par 3, soit en multipliant par 3 son dénominateur.

Le quotient $\frac{1}{5}$ est plus petit que le dividende $\frac{9}{15}$, car, le dividende étant le produit du diviseur par le quotient, celui-ci sera dans le cas présent 3 fois plus petit. En général, quand le diviseur est un nombre entier le quotient est plus petit que le dividende.

DEUXIÈME CAS. — *Nombre entier à diviser par une fraction.*

3. *Pour diviser un nombre entier par une fraction, on multiplie le nombre entier par la fraction diviseur renversée, c'est-à-dire on multiplie le nombre entier par le dénominateur de la fraction et l'on écrit sous le produit le numérateur.*

Exemple : Soit 4 à diviser par $\frac{5}{8}$.

$$4 : \frac{5}{8} = 4 \times \frac{8}{5} = \frac{4 \times 8}{5} = \frac{32}{5} \text{ ou } 6\,\frac{2}{5}.$$

J'ai renversé la fraction $\frac{5}{8}$, ce qui fait $\frac{8}{5}$. Après avoir multiplié 4 par $\frac{8}{5}$, j'ai obtenu le produit $\frac{32}{5}$ ou $6\,\frac{2}{5}$.

En effet, diviser 4 par $\frac{5}{8}$, c'est chercher un nombre appelé quotient qui, multiplié par le diviseur $\frac{5}{8}$, reproduise le dividende 4. Or nous avons bien fait remarquer plus haut que, multiplier un nombre par $\frac{5}{8}$, c'est en prendre les $\frac{5}{8}$; donc les $\frac{5}{8}$ du quotient sont 4; $\frac{1}{8}$ du quotient sera 5 fois moindre ou $\frac{4}{5}$, et les $\frac{8}{8}$ du quotient, ou ce quotient lui même, seront 8 fois plus grands que $\frac{4}{5}$ ou $\frac{4 \times 8}{5} = \frac{32}{5} = 6\,\frac{2}{5}$.

Le quotient $\frac{32}{5}$ (ou $6\,\frac{2}{5}$) est plus grand que 4, car nous venons de voir qu'en réalité $\frac{32}{5}$ ou $6\,\frac{2}{5}$ est le nombre dont 4 est les $\frac{5}{8}$. En général quand le diviseur est plus petit que 1, le quotient est plus grand que le dividende.

TROISIÈME CAS. — *Fraction à diviser par une fraction,*

4. *Pour diviser une fraction par une fraction, on multiplie la fraction dividende par la fraction diviseur renversée.*

Exemple : $\frac{5}{9}$ à diviser par $\frac{3}{4}$.

$$\frac{5}{9} : \frac{3}{4} = \frac{5}{9} \times \frac{4}{3} = \frac{5 \times 4}{9 \times 3} = \frac{20}{27}.$$

J'ai renversé la fraction $\frac{3}{4}$, elle devient $\frac{4}{3}$. Je multiplie $\frac{5}{9}$ par $\frac{4}{3}$ et j'obtiens au produit $\frac{20}{27}$ pour le résultat cherché.

En effet, diviser $\frac{5}{9}$ par $\frac{3}{4}$, c'est chercher un nombre appelé quotient qui, multiplié par le diviseur $\frac{3}{4}$, reproduise le dividende $\frac{5}{9}$. Or, multiplier un nombre par $\frac{3}{4}$, c'est en prendre les $\frac{3}{4}$; donc les $\frac{3}{4}$ du quotient sont $\frac{5}{9}$; $\frac{1}{4}$ du quotient sera trois fois moindre ou $\frac{5}{\times 3}$ et les $\frac{4}{4}$ du quotient, ou ce quotient lui-même, seront quatre fois plus grand que $\frac{5}{9 \times 3}$ ou $\frac{5 \times 4}{9 \times 3} = \frac{20}{27}$.

Le quotient $\frac{20}{27}$ est plus grand que le dividende par la même raison que dans le cas précédent.

5. Si l'on avait *un nombre fractionnaire à diviser par un nombre fractionnaire, on réduirait les entiers en fractions et l'on opérerait comme il vient d'être dit.*

Exemple : Soit $6\frac{3}{5}$ à diviser par $4\frac{2}{3}$.

$$6\frac{3}{5} = \frac{33}{5} \qquad 4\frac{2}{3} = \frac{14}{3}$$

$$\frac{33}{5} : \frac{14}{3} = \frac{33}{5} \times \frac{3}{14} = \frac{33 \times 3}{5 \times 14} = \frac{99}{70} \text{ ou } 1\frac{29}{70}$$

Après avoir réduit les entiers en fractions, j'obtiens $\frac{33}{5}$ et $\frac{14}{3}$, d'où, effectuant la division comme précédemment, je trouve pour quotient $\frac{99}{70}$ ou $1\frac{29}{70}$.

QUESTIONNAIRE.

Quel est le but de la division des fractions et combien de cas présente-t-elle? 1. — Comment divise-t-on une fraction par un nombre entier ? 2.— Pourquoi le quotient est-il plus petit que le dividende? 2. — Comment divise-t-on un nombre entier par une fraction? 3 — Pourquoi le quotient est-il plus grand que le dividende ? 3. — Comment divise-t-on une fraction par une fraction ? 4. — Comment divise-t-on un nombre fractionnaire par un nombre fractionnaire ? 5.

Exercices sur la division des fractions.

1) Diviser $\frac{2}{7}$ par 3; $\frac{3}{8}$ par 5; $\frac{9}{12}$ par 8; $\frac{11}{12}$ par 10.

2) Diviser 8 par $\frac{1}{2}$; 9 par $\frac{2}{3}$; 11 par $\frac{3}{7}$, 16 par $\frac{15}{17}$.

3) Diviser $\frac{1}{2}$ par $\frac{2}{3}$; $\frac{2}{5}$ par $\frac{2}{7}$; $\frac{15}{37}$ par $\frac{17}{48}$; $\frac{21}{23}$ par $\frac{100}{274}$.

4) Faire les divisions suivantes : $3\frac{1}{7} : 5\frac{2}{3}$; $8\frac{3}{4} : 5\frac{1}{8}$; $15\frac{7}{8} : 22\frac{6}{11}$; $19\frac{2}{5} : 25\frac{3}{10}$; $29\frac{4}{7} : 42\frac{13}{15}$.

Problèmes sur la division des fractions.

1. Quelle est la somme dont les $\frac{2}{3}$ sont 7 francs?

2. Quel est le nombre qui, étant multiplié par $8\frac{5}{6}$, donnerait $20\frac{1}{3}$ pour produit?

3. 66 kilog. $\frac{2}{7}$ de sucre ont coûté 82 francs $\frac{9}{12}$. Quel est le prix du kilogramme ?

4. Une personne avait une pièce de drap de 98 mètres $\frac{7}{12}$; elle en a cédé 23 mètres $\frac{5}{7}$. Combien fera-t-elle d'habits avec le reste, s'il en faut 2 mètres $\frac{5}{9}$ pour chaque habit?

5. Une fontaine donne 7 litres $\frac{2}{3}$ d'eau en 3 minutes. On demande en combien de minutes elle remplira un vase de 57 litres $\frac{4}{7}$ de capacité?

6. Les $\frac{3}{4}$ des $\frac{7}{8}$ d'une somme sont 31 francs $\frac{1}{2}$. Quelle est cette somme?

7. Un ouvrier fait, en 7 heures $\frac{3}{4}$, 134 mètres $\frac{4}{5}$ d'ouvrage. Combien fait-il par heure ?

8. Combien de fois $\frac{28}{70}$ sont-ils contenus dans $\frac{17}{20}$?

9. Quel est le nombre tel que les $\frac{2}{9}$ de ses $\frac{5}{6}$ égalent 28 ?

10. En donnant 3400 fr. à un héritier, on lui donne les $\frac{3}{4}$ de $\frac{1}{2}$ des $\frac{2}{3}$ de l'héritage ; quelle est la valeur de cet héritage ?

11. Partager en 32 parts les $\frac{19}{20}$ d'une somme, et dire quelle fraction de la somme sera chaque part ?

12. Quel est le nombre qui multiplié par 28 $\frac{7}{11}$ donne 12 $\frac{3}{4}$?

CONVERSION DES FRACTIONS ORDINAIRES

EN FRACTIONS DÉCIMALES ET RÉCIPROQUEMENT.

1. *Convertir une fraction ordinaire en fraction décimale, c'est trouver une fraction décimale égale à une fraction ordinaire proposée ; réciproquement convertir une fraction décimale en fraction ordinaire, c'est trouver une fraction égale à une fraction décimale donnée.*

Conversion des fractions ordinaires en fractions décimales.

2. Pour convertir une fraction ordinaire en fraction décimale, on considère le numérateur comme un reste de division où le dénominateur était diviseur, et, en observant de mettre d'abord un zéro au quotient pour tenir la place des unités, on évalue le quotient en décimales, exactement, si cela est possible, à une certaine approximation, dans le cas contraire. D'après cette règle, on trouvera que $\frac{1}{2} = 0,5$ exactement ; que $\frac{5}{9} = 0,555$, à moins de 0,001 ; que $\frac{4}{7} = 0,5714$, à moins de 0,0001.

Conversion des fractions décimales en fractions ordinaires.

3. Pour convertir une fraction décimale ou un nombre décimal en fraction ordinaire, on supprime la virgule, on prend pour numérateur la fraction décimale ou le nombre décimal, et pour dénominateur 1, suivi d'autant de zéros qu'il y avait de chiffres décimaux. Enfin on réduit la fraction, s'il y a lieu, à sa plus simple expression.

Ainsi,	0,6	s'écrit	$\frac{6}{10}$
—	0,65	—	$\frac{65}{100}$
—	8,46	—	$\frac{846}{100}$
—	765,045	—	$\frac{765045}{1000}$

4. On pourrait démontrer que : *toute fraction ordinaire, réduite à sa plus simple expression, et dont le dénominateur ne renferme pas d'autres facteurs premiers que 2 et 5, est réductible en une fraction décimale équivalente ;* inversement, *toute fraction ordinaire, réduite à sa plus simple expression, et dont le dénominateur renferme d'autres facteurs premiers que 2 et 5 ne peut être réduite en une fraction décimale équivalente.* On obtient alors pour résultat de la conversion une fraction périodique, simple si le dénominateur ne renferme ni 2, ni 5 parmi ses facteurs premiers, mixte s'il possède comme facteur premier 2 ou 5 ou tous les deux avec d'autres facteurs premiers.

Analogie des fractions décimales et des fractions ordinaires.

5. Bien que nous ayons étudié la numération et le calcul des fractions décimales en même temps que ceux des nombres entiers, et que nous ayons rapproché les unes des autres par le mode d'explication des procédés de calcul, les fractions décimales sont en réalité très-analogues aux fractions ordinaires.

On peut dire que les fractions décimales, telles qu'on les écrit sont des fractions dont on écrit seulement le numérateur et dont le dénominateur est indiqué par le nombre même des chiffres décimaux. En effet, 6 dixièmes écrits sous la forme $\frac{6}{10}$ sont absolument identiques au fond avec 0,6.

Aussi peut-on montrer que toutes les propriétés des fractions ordinaires existent dans les fractions décimales, et que les règles pratiques du calcul sont parfaitement analogues dans la plupart des cas Nous ne saurions nous arrêter ici à donner ces démonstrations; mais ce serait pour les élèves avancés un exercice utile de les chercher en comparant successivement les divers procédés d'addition, de soustraction, de multiplication, de division applicables aux nombres décimaux ou aux fractions ordinaires.

QUESTIONNAIRE.

Qu'est-ce que convertir des fractions ordinaires en décimales, et réciproquement? 1. — Comment convertit-on une fraction ordinaire en fraction décimale? 2. — Comment fait-on pour convertir une fraction décimale ou un nombre décimal en fraction ordinaire? 3. — Comment peut-on reconnaître si une fraction ordinaire est exactement réductible en une fraction décimale; si on obtiendra une fraction périodique simple; si on obtiendra une fraction périodique mixte? 4. — Quelle analogie peut-on trouver entre les fractions décimales et les fractions ordinaires? 5.

Exercices.

1) Convertir en fractions décimales les fractions ordinaires suivantes : $\frac{2}{3}$; $\frac{3}{4}$; $\frac{5}{7}$; $\frac{6}{11}$; $\frac{14}{17}$; $\frac{27}{31}$; $\frac{184}{191}$; $\frac{275}{380}$; $\frac{2729}{3953}$.

2) Convertir en fractions ordinaires les fractions décimales suivantes : 0,5; 0,25; 0,75; 0,249; 0,00071; 0,09091.

3) Convertir en fractions ordinaires les nombres décimaux suivants : 4,25; 29,15; 218,32; 629,0071.

4) Quelle est la valeur de 0,444 en fraction ordinaire réduite à sa plus simple expression.

DES PROPORTIONS.

1. On nomme *rapport le* RÉSULTAT *de la comparaison de deux quantités.*

Il y a deux manières de comparer deux quantités : 1° en cherchant de combien l'une surpasse l'autre, le résultat se nomme *rapport par différence;* nous n'aurons pas à nous en occuper ici; 2° en cherchant combien de fois une quantité contient l'autre; le résultat se nomme *rapport par quotient*, et comme c'est le plus employé on l'appelle seulement *rapport.*

2. Un rapport est donc le quotient d'une division; le plus souvent cette division est seulement indiquée. Ainsi le rapport de 12 à 4 s'écrit 12 : 4, qu'on énonce 12 *est à* 4; ou bien $\frac{12}{4}$, qu'on énonce 12 *divisé par* 4. Cette manière d'écrire un rapport montre qu'on peut considérer un rapport comme une fraction, et sous cette forme on peut lui appliquer tout ce qui a été dit des fractions.

3. Dans un rapport, le nombre qu'on énonce le premier se nomme *antécédent* (qui précède), celui qu'on énonce le second se nomme *conséquent* (qui suit).

4. *On appelle proportion l'expression de l'égalité de deux rapports.* Donc, si j'écris que le rapport de 12 à 4 *est égal* au rapport de 15 à 5, j'aurai une proportion.

Puisqu'il y a deux manières d'écrire un rapport, il y a aussi deux manières d'écrire une proportion. Quand on écrit les rapports comme il suit : 12 : 4, on met quatre points entre les deux rapports égaux pour exprimer la proportion 12 : 4 : : 15 : 5, et ces quatre points s'énoncent *comme.* Ainsi on dit 12 *est à* 4 *comme* 15 *est à* 5.

Quand on écrit les rapports à la manière des fractions, on met le signe d'égalité entre les deux fractions : $\frac{12}{4} = \frac{15}{5}$, qu'on énonce 12 *divisé par* 4 *égale* 15 *divisé par* 5.

5. Le premier et le dernier terme d'une proportion

se nomment les *extrêmes ;* le second et le troisième se nomment les *moyens.*

6. *Dans toute proportion le produit des extrêmes est égal au produit des moyens.* Ainsi, dans la proportion 12 : 4 :: 15 : 5, le produit de 12 par 5 est égal au produit de 4 par 15.

En effet, on peut écrire la proportion ainsi $\frac{12}{4} = \frac{15}{5}$. Si maintenant on réduit les deux fractions au même dénominateur, elles seront encore égales, et on aura, $\frac{12 \times 5}{4 \times 5} = \frac{15 \times 4}{5 \times 4}$. Puisque les dénominateurs sont égaux et que les fractions sont égales, il faut que les numérateurs soient aussi égaux, donc on aura $12 \times 5 = 15 \times 4$; mais 12 et 5 sont les extrêmes, 15 et 4 sont les moyens. Ainsi, le produit des extrêmes est égal au produit des moyens.

Cette propriété de 4 nombres en proportion est connue sous le nom *de propriété fondamentale des proportions;* elle sert à trouver le quatrième terme d'une proportion, quand on en connaît trois. Soit, par exemple, une proportion telle que 12 : 4 :: 15 : x. Pour trouver le terme inconnu de cette proportion, on remarquera que le produit de ce terme inconnu par 12 est égal au produit de 4 par 15 ou 60; donc en divisant 60 par 12 on trouvera le facteur inconnu du premier produit, c'est-à-dire le quatrième terme de la proportion.

Si quatre nombres ne forment pas une proportion, le produit des extrêmes ne sera pas égal au produit des moyens. Ainsi, dans les quatre nombres 12, 4, 14, 5, le produit de 12 par 5 n'est pas égal au produit de 14 par 4.

En effet, les deux rapports $\frac{12}{4}$ et $\frac{14}{5}$ ne sont pas égaux, puisqu'il n'y a pas proportion, et si on réduit ces fractions au même dénominateur, les fractions réduites $\frac{12 \times 5}{4 \times 5}$ $\frac{14 \times 4}{5 \times 4}$ ne seront pas égales non plus;

donc les numérateurs 12×5 et 14×4 ne seront pas égaux.

Il résulte de là que, si quatre nombres sont écrits sur une même ligne et que le produit des extrêmes soit égal au produit des moyens, ces quatre nombres dans l'ordre où ils sont écrits formeront une proportion. Ainsi les quatre nombres 12, 4, 15, 5, qui donnent 60 pour produit des extrêmes et pour produit des moyens, forment dans l'ordre où ils sont écrits la proportion 12 : 4 : : 15 : 5.

Si, en effet, ils ne formaient pas une proportion, nous avons vu que le produit des extrêmes ne serait pas égal au produit des moyens; et comme ces produits sont égaux, il faut que ces quatre nombres soient en proportion.

Ainsi il y a deux manières de reconnaître que quatre nombres forment une proportion. Premièrement, si le rapport du premier nombre au second est le même que celui du troisième au quatrième ; deuxièmement, si le produit des extrêmes est égal au produit des moyens.

7. *Dans une proportion on peut changer les moyens de place sans troubler la proportion ;* ainsi dans la proportion 12 : 4 : : 15 : 5, si on change les moyens de place on aura 12 : 15 : : 4 : 5, et les quatre nombres disposés ainsi formeront encore une proportion.

En effet, la première proportion 12 : 4 : : 15 : 5 nous apprend que le produit 12×5 est égal au produit 4×15 ; mais, dans la deuxième disposition, 12 : 15 : : 4 : 5, le produit des extrêmes est 12×5 et le produit des moyens est 15×4, et puisque ces deux produits sont égaux, on conclut que les 4 nombres forment une proportion.

On démontrera de même que, dans une proportion, on peut changer les extrêmes de place entre eux sans troubler la proportion. Ainsi, soit la proportion 12 : 4 : : 15 : 5. On en déduira cette autre proportion 5 : 4 : : 15 : 12,

Enfin, la même démonstration prouvera aussi que dans une proportion on peut mettre les extrêmes à la place des

moyens et les moyens à la place des extrêmes. Ainsi de la proportion 12 : 4 : : 15 : 5, on déduira 4 : 12 : : 5 : 15.

Au moyen des trois principes précédents, une proportion peut se mettre sous huit formes différentes.

Soit en effet la proportion :	12:4::15:5
On changera les moyens de place, on aura	12:15::4:5
On mettra les extrêmes à la place des moyens	15:12::5:4
On changera les moyens de place	15:5::12:4
On mettra les extrêmes à la place des moyens	5:15::4:12
On changera les moyens de place	5:4::15:12
On mettra les extrêmes à la place des moyens	4:5::12:15
Enfin, on changera les moyens de place	4:12::5:15

Tout autre changement de place dans les termes rentrerait dans un des précédents, ou bien les quatre nombres ne formeraient plus une proportion.

8. *Dans toute proportion, la somme des deux premiers termes est au second comme la somme des deux derniers est au quatrième.*

Soit en effet la proportion 12 : 4 : : 15 : 5.

La somme des deux premiers termes sera 16, mais 16 contient 4 une fois de plus que 12 ne contient 4. De plus, la somme des deux derniers termes est 20, et 20 contient 5 une fois de plus que 15 ne contient 5. Or, puisqu'il y avait proportion, 12 contenait 4 autant de fois que 15 contenait 5, donc 16 contiendra 4 autant de fois que 20 contiendra 5 ; ou bien en d'autres termes on aura :

$$12 + 4 : 4 :: 15 + 5 : 5, \text{ ou bien } 16 : 4 :: 20 : 5.$$

Il en serait de même pour la différence et on aurait :

$$12 - 4 : 4 :: 15 - 5 : 5, \text{ ou bien } 8 : 4 :: 10 : 5.$$

9. *Dans toute proportion, la somme des antécédents est à la somme des conséquents, comme un antécédent est à son conséquent.*

Ainsi, dans la proportion 12 : 4 : : 15 : 5, on aura :

12 + 15 : 4 + 5 : : 15 : 5 ou bien 27 : 9 : : 15 : 5.

En effet, dans la proportion proposée 12 : 4 : : 15 : 5, changeons les moyens de place, ce qui donne 12 : 15 :: 4 : 5 ; appliquons maintenant la règle précédente, nous aurons 12 + 15 : 15 :: 4 + 5 : 5 ; enfin changeons encore les moyens de place et l'on aura 12 + 15 : 4 + 5 : : 15 : 5, et c'est précisément ce qu'on voulait démontrer.

Comme exercice, nous proposerons de prouver que de la proportion 12 : 4 : : 15 : 5 on peut déduire :

12 + 4 : 12 — 4 : : 15 + 5 : 15 — 5,
ou bien 16 : 8 : : 20 : 10

Remarque : Si au lieu de deux rapports égaux on en avait un nombre quelconque, comme par exemple: 12 : 4 : : 15 : 5 : : 27 : 9 : : 6 : 2 : : 21 : 7, etc., cela ne serait plus une proportion, mais une suite de rapports égaux ; cette suite jouit encore d'une propriété qu'il faut connaître, *c'est que la somme de tous les antécédente est à la somme de tous les conséquents, comme un quelconqus des antécédents est à son conséquent.* Ainsi, on aura :

12 + 15 + 27 + 6 + 21 : 4 + 5 + 9 + 2 + 7 : : 21 : 7

En effet, de cette suite de rapports égaux, prenons-en 4 seulement, ce qui donnera la proportion 12 : 4 : : 15 : 5, de laquelle on déduira, comme nous l'avons vu, 12 + 15 : 4 + 5 : : 15 : 5. Mais 15 : 5 :: 27 : 9, remplaçant dans la proportion 12 + 15 : 4 + 5 :: 15 : 5, le second rapport par celui de 27 : 9, qui lui est égal, on aura 12 + 15 : 4 + 5 :: 27 : 9. Appliquant à cette dernière la règle précédente, on aura encore 12 + 15 + 27 : 4 + 5 + 9 : : 27 : 9, et ainsi de suite on arrivera enfin à cette proportion :

12 + 15 + 27 + 6 + 21 : 4 + 5 + 9 + 2 + 7 : : 21 : 7
ou bien 81 : 27 : : 21 : 7.

10. *Quand on a multiplié deux ou plusieurs proportions*

terme à terme, les 4 produits qu'on obtient forment encore une proportion. Ainsi, soient les deux proportions :

$$12 : 4 :: 15 : 5$$
$$6 : 3 :: 14 : 7$$

en les multipliant on a :

$$12 \times 6 : 4 \times 3 :: 15 \times 14 : 5 \times 7$$
$$\text{ou bien} : 72 : 12 :: 210 : 35$$

et je dis que ces quatre derniers nombres forment une proportion ; en effet, la première proportion peut s'écrire.................. $\frac{12}{4} = \frac{15}{5}$
et la deuxième................. $\frac{6}{3} = \frac{14}{7}$
multipliant les premières fractions de ces égalités l'une par l'autre, et les dernières l'une par l'autre, les deux produits seront encore égaux; on aura donc $\frac{12 \times 6}{4 \times 3} = \frac{15 \times 14}{5 \times 7}$ qu'on peut aussi écrire $12 \times 6 : 4 \times 3 :: 15 \times 14 : 5 \times 7$, et c'est ce qu'on voulait prouver.

QUESTIONNAIRE

Qu'est-ce qu'un rapport? 1. — De combien de manières peut-on comparer deux quantités? Qu'appelle-t-on rapport par différence, rapport par quotient? 2. — Quels noms donne-t-on au premier et au second terme d'un rapport? 3. — Qu'est-ce qu'une proportion? Comment écrit-on une proportion? 4. — Qu'appelle-t-on extrêmes, moyens d'une proportion? 5. — Quelle est la propriété fondamentale de toute proportion, et qu'en conclut-on? Démontrez cette propriété. La réciproque est-elle vraie? Démontrez cette réciproque? 6 — Combien y a-t-il de manières pour reconnaître que 4 nombres forment une proportion? Quels changements peut-on faire dans une proportion? 7. — Démontrez que dans toute proportion la somme des deux premiers termes est au second, comme la somme des deux derniers est au quatrième? 8. — Démontrez que dans toute proportion la somme des antécédents est à la somme des conséquents comme un antécédent est à son conséquent? 9. — Démontrez que dans une suite quelconque de rapports égaux, la somme de tous les antécédents est à la somme de tous les conséquents, comme un quelconque des antécédents est à son conséquent ? 9. — Démontrez que, si l'on multiplie terme à terme deux ou plusieurs proportions, les quatre produits forment une nouvelle proportion ? 10.

DE LA RÈGLE DE TROIS SIMPLE.

1. *On nomme* RÈGLE DE TROIS SIMPLE *tout problème dont la solution dépend d'une proportion;* c'est-à-dire où, étant données deux quantités qui varient proportionnellement, on cherche comment varieraient dans le même rapport deux quantités de mêmes sortes.

2. Pour qu'un problème puisse être résolu par une seule proportion, il faut qu'il ne comporte que 4 nombres, exprimant deux à deux des unités de même espèce et dont un seul soit inconnu. Il faut de plus que le rapport de deux de ces nombres soit égal au rapport des deux autres, puisqu'ils doivent former une proportion. Des exemples vont faire comprendre ces définitions et l'usage des proportions.

Problème 1. 24 *mètres de toile ont coûté* 168 *fr. Combien coûteront* 35 *mètres de la même toile?*

Solution. Ce problème ne renferme que 4 nombres dont un seul *inconnu*; deux de ces nombres expriment des mètres et les deux autres des francs, c'est-à-dire des unités de même espèce.

Il est évident que si le second nombre de mètres était 2, 3, 4... fois plus grand que le premier, le second nombre de francs serait aussi 2, 3, 4... fois plus grand que le premier, puisque 2, 3, 4 fois plus de mètres de la même toile coûteront 2, 3, 4... fois plus; il y a donc entre le premier nombre de mètres et le second le même rapport qu'entre le premier nombre de francs et le second, que j'appelle x. De plus, *le nombre de mètres augmentant, le nombre de francs augmente dans le même rapport;* ces deux nombres sont dits alors *directement proportionnels.*

Je disposerai l'énoncé abrégé sur deux lignes, de manière que la première partie de la question soit sur la première ligne et la deuxième partie sur la seconde ligne, ainsi qu'il suit :

24 mètres.............. 168 fr.
35 — x

et j'en déduirai la proportion :

$24 : 35 :: 168 \text{ fr.} : x$, d'où $x = \frac{35 \times 168}{24} = 245$ fr.;

donc 35 mètres coûteront 245 fr.

3. Remarque. *Toutes les fois que les quantités de la seconde ligne sont toutes deux plus grandes ou toutes deux plus petites que celles de la première ligne, les 4 quantités sont dites* DIRECTEMENT PROPORTIONNELLES.

4. On voit par cet exemple que les raisonnements à faire pour résoudre un problème par les proportions sont compliqués. On arrive à la même solution par une analyse bien plus simple en employant un procédé connu sous le nom de *méthode de réduction à l'unité* et qui est applicable à toutes les questions qu'on peut résoudre par les proportions. Ce procédé a pour point de départ de rechercher le *rapport avec l'unité* de la quantité variable qu'on a besoin de déterminer; voilà d'où lui vient son nom.

On comprendra facilement cette méthode en l'appliquant à la solution du problème ci-dessus, on dira :

Si 24 mètres de toile ont coûté 168 fr.

1 mètre coûtera 24 fois *moins*, ou $\frac{168 \text{ fr.}}{24}$

Et 35 mètres coûteront 35 fois *plus* qu'un mètre ou $\frac{168 \times 35}{24} = 245$ francs.

Même résultat que par les proportions, mais bien plus simplement obtenu.

Problème 2. 3 *ouvriers ont fait un certain ouvrage en* 15 *heures. Combien faudra-t-il d'heures à* 5 *ouvriers pour faire le même ouvrage?*

Énoncé abrégé	3 ouvriers	15 heures.
	5 —	x

Solution. Ce problème ne renferme encore que 4 nombres dont un seul *inconnu;* deux de ces nombres expriment des ouvriers et les deux autres des heures, c'est-à-dire des unités de même espèce.

Il est évident que, si le second nombre d'ouvriers était 2, 3, 4... fois *plus* grand que le premier, ils emploieraient 2, 3, 4... fois *moins* d'heures à faire l'ouvrage; donc le second nombre d'heures serait 2, 3, 4... fois plus petit. Le nombre d'ouvriers et le nombre d'heures sont dits *inversement proportionnels.*

Si le rapport du premier nombre d'ouvriers au second est $\frac{1}{2}$, par exemple, celui du premier nombre d'heures au second sera $\frac{2}{1}$. Ces deux rapports ne sont pas égaux, mais ils le deviendront si l'on renverse les deux termes de l'un des deux rapports, et l'on dira :

$$5 \text{ ouv.} : 3 \text{ ouv.} :: 15 \text{ h.} : x, \text{ d'où } x = \frac{3 \times 15}{5} = 9 \text{ h.}$$

donc il faudrait 9 heures à 5 ouvriers pour faire le même ouvrage.

5. Remarque. *Quand les quantités de la seconde ligne sont l'une plus petite et l'autre plus grande que les quantités de la première ligne, on dit que les 4 quantités sont* INVERSEMENT PROPORTIONNELLES.

Par la méthode de réduction à l'unité on dirait :

Si 3 ouvriers font un ouvrage en 15 h.
1 ouvrier le fera en 3 fois plus ou 15×3
Et 5 ouvriers le feront en 5 fois moins ou $\frac{15 \times 3}{5} = 9$ h.

QUESTIONNAIRE.

Qu'appelle-t-on règle de trois? 1. — Pour qu'un problème puisse être résolu par une proportion, combien doit-il renfermer de nombres? Ces nombres doivent-ils remplir certaines conditions? Lesquelles? 2. — Dans quels cas les quantités qui entrent dans une proportion sont-elles directement proportionnelles? 3. — Ne peut-on pas, à l'aide d'une autre méthode, résoudre toutes les autres questions qui dépendent des règles de trois? 4. — Dans quels cas les quantités qui entrent dans une proportion sont-elles inversement proportionnelles? 5.

Problèmes sur la règle de trois simple.

1. 360 mètres de drap coûtent 2160 fr. : combien 400 mètres coûteront-ils?

2. Pour 8000 fr. on a 1600 mètres de velours : combien coûteront 2000 mètres?

3. En 150 jours on fait 1200 mètres d'ouvrage : combien en fera-t-on en 200 jours?

4. Si 140 ouvriers ont fait un ouvrage en 75 jours, combien 130 ouvriers de la même force resteront-ils de jours à le faire?

5. Si 60 ouvriers emploient 15 jours à faire un certain travail, combien faudra-t-il d'ouvriers pour faire le même travail en 10 jours?

6. Un équipage n'a plus que pour 20 jours de vivres, mais il doit tenir la mer pendant 32 jours. A combien doit-on réduire la ration de 570 grammes de biscuit?

7. Un vaisseau a 125 hommes d'équipage, il reçoit 21 naufragés. A combien doit-on réduire la ration de 4 hectogrammes de biscuit?

8. La garnison d'une citadelle se compose de 400 hommes pourvus de vivres pour 20 jours. De combien d'hommes doit-elle être augmentée pour que la ration, restant la même, les vivres puissent durer 16 jours?

9. 252 mètres, 50 centimètres de calicot ont coûté 202 fr. Combien faut-il vendre 15 mètres du même calicot pour gagner 0 fr., 18 c. par mètre?

10. On paie 28 fr. pour cent à un ouvrier pour la marchandise qu'il a faite ; mais, comme il l'a gâtée, on lui fait une diminution de 6 pour cent sur une valeur de 350 fr. en marchandises. Que revient-il à l'ouvrier?

DE LA RÈGLE DE TROIS COMPOSÉE.

1. *On nomme* RÈGLE DE TROIS COMPOSÉE *tout problème dont la solution dépend de plusieurs proportions.* Les données renferment alors plus de 3 nombres.

Problème. 15 *ouvriers travaillant* 7 *heures par jour ont fait, en* 24 *jours,* 105 *mètres d'ouvrage. Combien* 18 *ouvriers, travaillant* 8 *heures par jour, emploieraient-ils de jours à faire* 480 *mètres du même ouvrage?*

Solution par les proportions.

On disposera ainsi les quantités de l'énoncé :

15 ouvriers 7 heures 105 mètres 24 jours
18 — 8 — 480 — x

Supposons d'abord que les 18 ouvriers travaillent 7 heures par jour comme les 15 ouvriers, et fassent le même ouvrage, on aura à résoudre la question suivante :

15 *ouvriers ont fait un ouvrage en* 24 *jours. Combien* 18 *ouvriers emploieraient-ils de jours à faire le même ouvrage ?*

Soit x' (1) le nombre de jours cherché, nous avons à faire une règle de trois simple inverse dont voici l'énoncé abrégé :

15 ouvriers 24 jours
18 — x' —

Si le deuxième nombre d'ouvriers était double du premier, le deuxième nombre de jours ne serait que la moitié du premier ; les rapports sont donc inverses et on a la proportion :

$$18 : 15 :: 24 : x'$$

Cette proportion donnerait x' si on voulait le calculer ; supposons-le calculé et connu. Nous avons à résoudre maintenant cette seconde question :

(1) x' se prononce x *prime* ; x'' se prononce x *seconde* ; x''' se prononce x *tierce*; x'''' se prononce x *quarte*, etc.

18 ouvriers travaillant 7 heures par jour ont employé x' jours pour faire un certain ouvrage. Combien ces mêmes ouvriers, travaillant 8 heures par jour, mettront-ils de jours pour faire le même ouvrage ?

Il n'y a de changé que le nombre d'heures.

Soit x'' le nombre d'heures cherché, sa valeur dépendra d'une règle de trois simple inverse dont voici l'énoncé abrégé :

7 heures x'
8 — x''

Si le deuxième nombre d'heures était double du premier, le deuxième nombre de jours ne serait que la moitié du premier. Les rapports sont donc inverses, et on a la proportion :

$$8 : 7 :: x' : x''$$

Comme pour x', il est inutile de calculer x'', mais on doit le regarder comme connu ; il nous restera à résoudre cette question :

18 ouvriers travaillant 8 heures par jour ont fait 105 mètres en x'' jours. Combien faudra-t-il de jours à ces mêmes ouvriers, travaillant le même nombre d'heures par jour, pour faire 480 mètres?

Il n'y a de changé que le nombre de mètres.

Soit x le nombre de jours actuellement cherché, sa valeur dépend d'une règle de trois simple directe dont voici l'énoncé abrégé :

105 mètres x''
480 — x.

Si le deuxième nombre de mètres était double du premier, le deuxième nombre de jours serait double du premier ; il y a donc le même rapport entre le nombre de mètres et le nombre de jours, et les rapports sont directs. On aura la proportion :

$$103 : 480 :: x'' : x.$$

Disposant toutes ces proportions l'une sous l'autre, ainsi qu'il suit :

$$\begin{array}{rcrcrcl} 18 & : & 15 & :: & 24 & : & x' \\ 8 & : & 7 & :: & x' & : & x'' \\ 105 & : & 480 & :: & x'' & : & x \end{array}$$

et les multipliant par ordre, on aura :

$$18 \times 8 \times 105 : 15 \times 7 \times 480 :: 24 \times x' \times x'' : x' \times x'' \times x$$

Supprimant les facteurs x' et x'' communs aux deux termes du second rapport, on obtiendra :

$$18 \times 8 \times 105 : 15 \times 7 \times 480 :: 24 : x,$$

donc, $x = \dfrac{15 \times 7 \times 480 \times 24}{18 \times 8 \times 105} = 80$ j.

Remarque. On peut simplifier ce résultat; 15 et 105 ont le facteur commun 5; 480 et 18, le facteur commun 3 ; 24 et 8, le facteur 4. Ces facteurs supprimés, on trouve :

$$x = \frac{3 \times 7 \times 160 \times 6}{6 \times 2 \times 21} = \frac{160}{2} = 80 \text{ jours.}$$

Cet exemple fait mieux voir encore combien la solution, par les proportions, *des règles de trois composées*, présente de difficulté, tandis que, par la méthode de *réduction à l'unité*, on arrive plus simplement au même résultat.

Solution par la méthode de la réduction à l'unité.

On disposera, comme nous l'avons déjà fait, les quantités de l'énoncé sur deux lignes. Il sera plus commode de mettre l'inconnue à la fin.

15 ouvriers	7 heures	105 mètres	24 jours
18 —	8 —	480 —	x.

On commence par réduire à l'unité *tous les nombres de la première ligne*, excepté seulement celui qui correspond à l'inconnue; c'est à celui là que se rapporte toujours la conclusion de chaque réduction à l'unité, comme on va le voir.

Si 15 ouv. trav. 7 h. par j. pour faire 105 m. emploient 24 j.
1 idem. 7 idem. 105 emploiera 15 fois *plus* ou 24×15.
1 idem. 1 idem. 105 empl. 7 fois *plus* ou $24 \times 15 \times 7$.
1 idem. 1 idem. 1 empl. 105 fois *moins* ou $\frac{24 \times 15 \times 7}{105}$.

Tous les nombres de la première ligne, excepté 24 jours seulement, étant réduits à l'unité, on remonte à la solution par les nombres de la deuxième ligne de cette manière :

18 ouv. trav. 1 h. par j. pour faire 1 mètre empl. 18 fois *moins* ou $\frac{24 \times 15 \times 7}{105 \times 18}$.
18 idem. 8 idem. 1 mètre empl. 8 fois *moins* ou $\frac{24 \times 15 \times 7}{105 \times 18 \times 8}$.
18 idem. 8 idem. 480 m. empl. 480 fois *plus* ou $\frac{24 \times 15 \times 7 \times 480}{105 \times 18 \times 8}$

Donc $x = \frac{24 \times 15 \times 7 \times 480}{105 \times 18 \times 8}$ en simplifiant comme précédemment on trouvera $x = \frac{4 \times 3 \times 7 \times 60}{21 \times 3} = \frac{4 \times 60}{3}$ $= 4 \times 20 = 80$ jours.

Remarque. On doit simplifier, comme ci-dessus, tous les résultats qui se présentent ainsi; on supprime tous les facteurs que l'on reconnaît communs aux deux quantités à diviser l'une par l'autre.

Ces tableaux indiquent la marche à suivre, et on voit que la solution a été obtenue par des raisonnements plus simples que par les proportions. Nous donnerons en conséquence la préférence à cette dernière méthode, que désormais nous emploierons exclusivement. Nous ne ferons pas d'autre application spéciale d'autant plus que nous allons trouver des problèmes du même genre sous un autre nom. Que l'on fasse bien attention que dans la méthode *par la réduction à l'unité* le raisonnement doit tendre à modifier le nombre qui, dans chacune des lignes successives, correspond à l'inconnue, d'après le changement que subit un des nombres de cette ligne.

QUESTIONNAIRE.

Qu'est-ce que la règle de trois composée ? 1.

Problèmes sur la règle de trois composée.

1. 12 hommes en 24 jours ont fait 456 mètres d'ouvrage on demande combien en feront 10 d'hommes en 20 jours?

2. Dans une place il y a 2000 hommes pourvus de vivres pour 8 mois : combien faudra-t-il faire sortir d'hommes, si l'on veut faire durer les vivres 2 mois de plus et donner la même ration?

3. Il faut 460 kilogrammes de foin pour la nourriture de 6 chevaux pendant 8 jours. Combien en faudra-t-il pour nourrir 14 chevaux pendant 16 jours?

4. On sait qu'un maître maçon a 12 ouvriers qu'il a employés pendant 36 jours et 15 heures par jour, pour faire 900 mètres d'ouvrage. Combien 36 ouvriers, employés pendant 12 jours et 10 heures par jour, en feront-ils?

5. Deux ouvriers travaillant ensemble ont gagné 1056 fr.; le premier, qui a travaillé pendant 30 jours et 12 heures par jour, a reçu 396 fr. Combien le deuxième a-t-il dû employer de journées de 15 heures pour recevoir 660 fr.?

6. Combien faudra-t-il de jours de 10 heures de travail à 48 hommes pour faire autant d'ouvrage que 14 hommes qui travaillent 56 jours et 12 heures par jour.

7. 12 pièces de toile ayant chacune 25 mètres de longueur et 1 mètre, 10 de largeur ont coûté 920 fr. Combien coûteront 8 pièces de la même toile ayant chacune 18 mètres de longueur et 1 mètre, 25 de largeur?

8. 2 pièces de velours ayant chacune 20 mètres de longueur et 1 mètre, 20 de largeur ont coûté 900 fr. Quelle serait la largeur de 3 pièces du même velours ayant chacune 16 mètres de longueur et qui coûteraient 1125 fr.?

9. 24 étrangers ont dépensé pendant leur séjour à Paris, qui a été de 8 jours, 3840 fr. En combien de jours 28 étrangers y dépenseraient-ils 8400 fr. dans les mêmes conditions?

10. 15 ouvriers travaillant 10 heures par jour ont employé 18 jours à faire 450 mètres d'un certain ouvrage. On demande combien il faut d'ouvriers travaillant 12 heures par jour, pour faire en 8 jours 480 mètres du même ouvrage ?

DE LA RÈGLE D'INTÉRÊT.

1. On nomme *intérêt* la redevance en argent que l'on retire d'une somme prêtée.

Cette redevance est la rémunération du service que le prêteur rend à l'emprunteur. Elle indemnise le prêteur de la privation de la somme et remplace le produit qu'il en aurait sans doute su tirer lui-même.

2. La somme prêtée prend le nom de *capital.*

3. *Le taux de l'intérêt* est la somme que rapportent 100 francs pour une année (1).

4. On nomme RÈGLE D'INTÉRÊT toute règle qui a pour but de chercher l'une des 4 quantités suivantes, les trois autres étant connues ou données : *l'intérêt d'un capital; le taux de l'intérêt; le capital prêté; le temps pendant lequel un capital est resté placé.*

5. Il y a deux sortes d'intérêt: *l'intérêt simple* et *l'intérêt composé.*

INTÉRÊTS SIMPLES.

6. L'argent est placé à *intérêt simple* quand le capital reste le même durant tout le placement.

Problème 1. *Quel est l'intérêt de 4500 fr. à 5 °/₀ par an?* (°/₀ signifie pour cent.)

Traduisez ainsi : 100 francs rapportent 5 francs dans un an. Combien rapporteront 4500 francs dans le même temps?

(1) C'est la loi qui a fixé ce taux : il est de 5 francs en matière civile, et de 6 francs dans le commerce. Les taux supérieurs sont défendus et nommés usures.

100 francs 5 fr.
4500 — x

Si 100 fr. rapportent.................... 5 fr.

1 fr. rapportera 100 fois *moins* ou $\frac{5}{100}$

4500 fr. rapporteront 4500 fois *plus* ou $\frac{5 \times 4500}{100}$

$$x = \frac{5 \times 4500}{100} = 225 \text{ fr.}$$

Problème 2. *Quel est l'intérêt de* 4500 *fr. placés à* 5 % *pendant* 2 *ans* 7 *mois et* 20 *jours* (1) ?

Traduisez ainsi : 100 fr. rapportent 5 fr. par an ou 360 jours. Combien rapporteront 4500 fr. en 2 ans 7 mois 20 jours ou 950 jours?

100 fr. 360 jours 5 fr.
4500 950 — x.

Si 100 fr. en 360 j. rapportent............ 5 fr.

1 fr. en 360 j. rapp. 100 fois *moins* ou $\frac{5}{100}$

1 fr. en 1 j. rapp. 360 fois *moins* ou $\frac{5}{100 \times 360}$

4500 fr. en 1 j. rapp. 4500 fois *plus* ou $\frac{5 \times 4500}{100 \times 360}$

4500 fr. en 950 j. rapp. 950 fois *plus* ou $\frac{5 \times 4500 \times 950}{100 \times 360}$

$$x = \frac{5 \times 4500 \times 950}{100 \times 360} = 593 \text{ fr., } 75 \text{ c.}$$

Problème 3. *A quel taux faut-il placer* 4500 *fr. pour rapporter* 593 *fr.,* 75 *c. en* 2 *ans* 7 *mois* 20 *jours?*

Traduisez : 4500 fr. rapportent 593 fr., 75 c. en 950 jours. Combien rapporteront 100 fr. dans 360 jours?

---

(1) Nous considérerons l'année de 360 jours et le mois de 30 jours.

$$\begin{array}{llll} 4500 \text{ fr.} & 950 \text{ jours} & 593 \text{ fr., } 75 \text{ c.} \\ 100 & 360 & - \quad x \end{array}$$

Si 4500 fr. en 950 j. rapportent....... 593 fr., 75 c.

1 fr. en 950 j. rapp. 4500 fois *moins* ou $\frac{593,75}{4500}$

1 fr. en 1 j. rapp. 950 fois *moins* ou $\frac{593,75}{4500 \times 950}$

100 fr. en 1 j. rapp. 100 fois *plus* ou $\frac{593,75 \times 100}{4500 \times 950}$

100 fr. en 360 j. rapp. 360 fois *plus* ou $\frac{593,75 \times 100 \times 360}{4500 \times 950}$

$$x = \frac{593.75 \times 100 \times 360}{4500 \times 950} = 5 \text{ fr.}$$

Problème 4. *Quel est le capital qui, placé à 6 % par an, rapporterait 325 fr. d'intérêt en 8 mois 10 jours?*

Traduisez : 6 fr. sont rapportés en un an, ou 360 jours, par 100 fr. Par quel capital seraient rapportés 325 fr. en 8 mois et 10 jours ou 250 jours?

$$\begin{array}{llll} 6 \text{ fr.} & 360 \text{ jours} & 100 \text{ fr.} \\ 325 & 250 & - \quad x \end{array}$$

Si 6 fr. en 360 jours sont rapportés par.... 100 fr.

1 fr. en 360 j. sera rap. par 6 fois *moins* ou $\frac{100}{6}$

1 fr. en 1 j. sera rapp. par 360 fois *plus* ou $\frac{100 \times 360}{6}$

325 fr. en 1 j. sera rap. par 325 fois *plus* ou $\frac{100 \times 360 \times 325}{6}$

325 fr. en 250 j. sera rap. par 250 fois *moins* ou $\frac{100 \times 360 \times 325}{6 \times 250}$

$$x = \frac{100 \times 360 \times 325}{6 \times 250} = 7800 \text{ fr.}$$

Problème 5. *Combien de temps a dû rester placé le capital 7800 fr., pour rapporter 325 fr. à 6 % par an?*

Traduisez : 100 fr. rapportent 6 fr. en 360 jours, 7800 fr. rapporteront 325 fr. en x jours.

100 fr.	6 fr.	360 jours.
7800 fr.	325	x

Si 100 francs rapportent 6 francs en....... 360 jours.

1 fr. rapp. 6 fr. en 100 fois *plus* ou 360×100

1 fr. rapp. 1 fr. en 6 fois *moins* ou $\dfrac{360 \times 100}{6}$

7800 fr. rapp. 1 fr. en 7800 fois *moins* ou $\dfrac{360 \times 100}{6 \times 7800}$

7800 fr. rapp. 325 fr. en 325 fois *plus* ou $\dfrac{360 \times 100 \times 325}{6 \times 7800}$

$$x = \frac{360 \times 100 \times 325}{6 \times 7800} = 250 \text{ jours.}$$

Problème 6. *Que deviennent 5400 fr., capital et intérêt, en 2 mois 10 jours à 4 °/₀?*

On cherche d'abord (2ᵉ problème) l'intérêt de 5400 fr. en 2 mois 10 jours à 4 °/₀. On trouve 42 fr. Donc 5400 francs deviennent en 2 mois 10 jours avec leurs intérêts 5442 fr.

Problème 7. *A quel taux 5400 fr. deviennent-ils avec leurs intérêts pendant 2 mois 10 jours 5442 fr.*

5400 fr. ont rapporté en 2 mois 10 jours ou 70 jours la différence entre 5400 fr. et 5442 fr., soit 42 fr. Il reste à chercher à quel taux 5400 fr. rapportent 42 fr. en 70 jours (3ᵉ problème). On trouve que le taux est à 4 °/₀.

Problème 8. *Quel est le capital qui, placé à 4 °/₀ par an pendant 7 mois 15 jours, est devenu au bout de ce temps, capital et intérêt compris, 4612 fr., 50?*

Pour avoir un terme de comparaison, on cherche d'abord ce que deviennent 100 fr. après 7 mois 15 jours ou 225 jours à 4 °/₀. On trouve 100 fr. + 2 fr., 50 ou 102 fr., 50 ou 10250 centimes; on dira ensuite :

Si 10250 centimes, capital et intérêt compris proviennent de 100 fr.

1 cent. — proviendra de $\dfrac{100}{10250}$

461250 cent. — proviendront de $\dfrac{100 \times 461250}{10250}$

$$x = \frac{100 \times 461250}{10250} = 4500 \text{ fr.}$$

Problème 9. *Un capital augmenté de ses intérêts est devenu, au bout de 18 mois 5375 fr.; au bout de 21 mois, il est devenu égal à 5437 fr., 50 c. Quel est ce capital et à quel taux est-il placé?*

La différence entre les deux valeurs du capital, 5437 fr., 50 *moins* 5375 fr. = 62 fr., 50, n'est autre chose que l'intérêt qu'il a rapporté pendant le temps écoulé de la première époque indiquée à la deuxième, c'est-à-dire pendant 21 mois *moins* 18 mois, ou 3 mois. Il résulte de là que son intérêt pour un mois sera trois fois moindre ou $\frac{62,50}{3}$. Son intérêt pour 18 mois sera 18 fois plus grand ou $\frac{62,50 \times 18}{3} = 375$ fr. Le capital, augmenté de son intérêt 375 fr., valant au bout de ce temps 5375 fr., le capital cherché = 5375 fr. *moins* 375 = 5000 fr..

Il nous reste maintenant à déterminer le taux de l'intérêt.

Nous raisonnerons ainsi :

5000 fr. en 18 mois rapportent 375 francs.
100 12 — x.

Si 5000 fr. en 18 mois rapportent.......	375 fr.
1 fr. en 18 mois rapportera.......	$\frac{375}{5000}$
1 fr. en 1 mois rapportera.......	$\frac{375}{5000 \times 18}$
100 fr. en 1 mois rapporteront......	$\frac{375 \times 100}{5000 \times 18}$
100 fr. en 12 mois rapporteront......	$\frac{375 \times 100 \times 12}{5000 \times 18}$

$$x = \frac{375 \times 100 \times 12}{5000 \times 18} = 5 \text{ fr. taux cherché.}$$

QUESTIONNAIRE.

Qu'appelle-t-on intérêt? 1.— Qu'est-ce qu'un capital? 2.— Qu'est-ce que le taux et l'intérêt ? 3. — Qu'appelle-t-on règle d'intérêt ?

4. — Combien distingue-t-on de sortes d'intérêt ? 5. — Dans quel cas l'argent est-il placé à intérêt simple ? 6.

Problèmes sur les intérêts simples.

1. Quel est l'intérêt de 4600 fr. au taux de 5 °/₀ par an ?

2. Quel est le capital qui rapporte en un an 83 fr. d'intérêt à 5°/₀?

3. A quel taux a-t-on prêté 4250 fr. pour rapporter 127 fr., 56 par an ?

4. En combien de temps 8000 fr. ont-ils rapporté 150 fr. au taux de 4 1/2 °/₀?

5. Quel est l'intérêt de 5800 fr. pendant 4 mois 25 jours, au taux de 4 1/2 °/₀ par an?

6. Quel est le capital qui a rapporté 256 fr. d'intérêt pendant 13 mois 8 jours à 5 1/2 °/₀ par an ?

7. Vaut-il mieux placer 18000 fr. à 6 °/₀ par an que d'en placer la moitié à 5 °/₀ et l'autre moitié à 7°/₀ ?

8. Quelle somme faudrait-il placer à 6 3/4 °/₀ par an, pour produire en 14 mois 18 jours autant d'intérêt que 15920 fr. placés à 7 °/ par an pendant 10 mois 21 jours?

9. On emprunte 7500 fr. pour 7 mois à 4 1/4 °/₀. Combien aura-t-on à rembourser ?

10. Un débiteur ne peut donner que 40 °/₀ à trois créanciers. Il doit au premier 5800 fr.; au second 6500 fr.; et au troisième 8200 fr. Combien chacun d'eux recevra-t-il?

11. Un débiteur donne 30 °/₀ à trois créanciers. Le premier reçoit 3000 fr.; le second 4650 fr.; et le troisième 5610 fr. Combien devait-il à chacun ?

12. On refuse de prêter 15500 fr. pour un an à 4 1/2 °/₀; deux mois et demi après on les prête pour le reste de l'année à 5 1/2 °/₀. A-t-on bien fait d'attendre?

13. Quel est le capital qui devient avec ses intérêts 4050 fr. au bout de 3 mois à 5 °/₀ ?

14. Au bout de combien de temps 3248 fr. placés à 5 °/₀ auront-ils rapporté 1896 fr. ?

INTÉRÊTS COMPOSÉS.

1. L'argent est placé à *intérêts composés* quand, au bout de chaque année, on ajoute l'intérêt au capital,

pour former un nouveau capital produisant lui-même intérêt pendant l'année suivante.

La question principale des intérêts composés consiste à demander ce que devient un capital, ainsi placé, au bout d'un temps donné.

Problème 1. *Combien vaudront 1000 fr. placés à intérêts composés au bout de 4 ans 8 mois 12 jours à 5 °/₀ ?*

Première solution. 1000 francs rapportent en 1 an, à 5 °/₀.................................... 50 fr.

Puisque cette somme de 50 fr. doit être ajoutée au capital primitif, le capital au commencement de la seconde année sera de 1000 fr. + 50 fr. ou.... 1050

1050 francs rapportent en un an, à 5 °/₀...... 52,50

Ainsi le capital, au commencement de la troisième année, sera de 1050 fr. + 52 fr., 50 ou.... 1102,50

1102 francs, 50 rapportent en un an, à 5 °/₀... 55,125

Donc le capital, au commencement de la quatrième année, sera 1102 fr., 50 + 55 fr., 125 ou.. 1157,625

1157 francs, 625 rapportent en un an, à 5 °/₀... 57,881

Ainsi le capital, au bout de la quatrième année, sera 1157 fr., 625 + 57 fr., 881 ou............ 1215,506

Il nous reste à calculer l'intérêt de 1215 fr., 506 millièmes pendant 8 mois 12 jours. (Voir p. 169, problème 2.) 1215 fr. 506 millièmes rapportent en 8 mois 12 jours...................................... 42,542

Donc le capital définitif sera 1215 fr., 506 + 42 fr., 542 ou.................................. 1258,048

La question est résolue.

Si l'on voulait connaître seulement l'intérêt composé de 1000 fr., on retrancherait le capital primitif de la valeur trouvée. Ainsi, dans l'exemple ci-dessus, l'intérêt composé serait de 1258 fr., 048 moins 1000 fr., ou 258 fr., 048 ou 258 fr., 05 centimes.

On voit, d'après cette méthode, que la solution d'une règle d'intérêt composé dépend de la solution de plusieurs règles d'intérêt simple, dont le nombre est fixé par celui des années pendant lesquelles le capital a été placé.

Deuxième solution. On peut encore trouver ce que vaut un capital placé à intérêts composés, pendant un temps connu et à un taux donné, en calculant la valeur d'un franc au bout de ce temps, et en multipliant cette valeur par le capital : le produit serait la somme demandée. Reprenons l'exemple ci-dessus : 1 fr. placé à 5 °/₀ et à intérêts composés vaut, au bout de 4 ans 8 mois 12 jours, 1 fr., 258048. Ce résultat multiplié par le capital 1000 fr. donne, comme précédemment, 1258 fr., 048 ou 1258 fr., 05.

Remarque. Nous devons avertir les élèves que, pour trouver un résultat exact, il ne faut négliger dans les opérations successives aucun des chiffres décimaux.

En procédant comme nous venons de le faire, on peut s'assurer qu'après 14 ans 2 mois 14 jours un capital placé à 5 °/₀, à intérêts composés, est doublé, tandis qu'à intérêts simples il faudrait 20 ans, en supposant toujours le taux à 5 °/₀ par an.

3. Si l'on demandait quelle est la somme qu'il faut placer à intérêts composés et à un taux déterminé, pour qu'elle devienne après un temps donné égale à une certaine somme, il faudrait chercher ce que devient la somme de 100 fr. dans les mêmes conditions, ensuite une simple règle de trois donne la solution.

Problème 2. *Quelle est la somme qui, placée à intérêts composés au taux de* 5 °/₀, *vaut* 28142 *fr. après* 7 *ans?*

Solution. On cherche d'abord ce que 100 fr., placés à intérêts composés, deviennent après 7 ans; on trouve 140 fr., 71 c. et l'on dit :

Si 140 fr., 71 c. proviennent de............. 100 francs.

1 fr. provient de............... $\frac{100}{140{,}71}$

28142 fr. proviennent de............. $\frac{100 \times 28142}{140{,}71}$

$x = 20000$ francs.

Problème 3. *Une certaine somme placée à* 5 °/₀ *et à intérêts composés a produit au bout de* 3 *ans* 846 *fr.*, 60. *Quelle est cette somme?*

Solution. Après avoir cherché quel est l'intérêt composé de 100 fr. pour 3 ans, en opérant comme dans les exemples précédents, nous trouvons que 100 fr. deviennent, au bout de trois ans, 115 fr. 76, c'est-à-dire que 100 fr. ont produit pendant ce temps 15 fr. 76. — Cette donnée permet de résoudre la question par le raisonnement suivant :

Si 15 fr., 76 ont été rapportés par........... 100 francs

1 fr. sera rapporté par................ $\frac{100}{15,76}$

846 fr., 60 seront rapportés par............ $\frac{100 \times 846,60}{15,76}$

$$x = 5371 \text{ fr. } 82 \text{ c.}$$

QUESTIONNAIRE.

Dans quel cas l'argent est-il placé à intérêts composés ?

Problèmes sur les intérêts composés.

1. Que valent 8420 fr. placés pendant 4 ans à intérêts composés, au taux de 5 °/₀ par an ?

2. Une personne place 700 fr. à 6 °/₀ au commencement de chaque année, pendant 5 ans. Quel capital aura-t-elle après ces 5 années ?

3. Quelle est la somme qui, placée à intérêts composés au taux de 5 °/₀, vaut 7090 fr., 45 au bout de 3 ans 5 mois ?

4. Une certaine somme placée à 4 °/₀ a produit, au bout de 3 ans 4 mois 8 jours, 945 fr., 80. Quelle est cette somme ?

5. Un employé qui gagne 4500 fr., place chaque année le neuvième de son traitement à la caisse d'épargne, qui donne 4 °/₀. Au bout de 7 ans, quelle somme pourra-t-il retirer ?

6. Au bout de combien d'années une somme de 100 fr. est elle doublée par le moyen des intérêts composés?

7. Pendant combien de temps faut-il qu'une somme de 13250 fr. reste placée à 6 °/₀ et à intérêts composés pour valoir un capital définitif de 15250 fr.?

DES RENTES SUR L'ÉTAT.

L'Etat, comme les particuliers, a recours à l'emprunt lorsqu'il a besoin d'argent. Dans ce cas *il crée de la rente*, c'est-à-dire que, en échange d'un certain capital qu'on lui prête, il s'engage à payer une rente de 3 fr., ou de 4 fr., ou de 4 fr., 50 c., ou de 5 fr. au *capital nominal* (1) de 100 fr. Cette rente est émise par l'État à un taux qui est toujours inférieur au capital nominal et qui varie suivant les circonstances dans lesquelles l'emprunt a lieu.

Ainsi l'emprunt 3 % qui s'est effectué le 23 août 1870 a été émis au taux de 60 fr., 60, c'est-à-dire que pour avoir 3 francs de rente 3 %, il a fallu verser 60 fr., 60 c.

L'emprunt de 2 *milliards* effectué en rentes 5 % le 27 juin 1871 a été émis au taux de 82 fr., 50, c'est-à-dire que, pour avoir 5 fr. de rente 5 %, il a fallu verser 82 fr., 50 de capital, et non 100 fr., ce qui eût été le capital nominal lui-même.

L'emprunt de 3 *milliards* effectué aussi en rentes 5 %, le 28 juillet 1872, a été souscrit au taux de 84 fr., 50 c., c'est-à-dire qu'il a fallu verser 84 fr., 50 pour posséder 5 fr. de rente.

La rente est dite *perpétuelle*, ce qui signifie que le créancier ne peut exiger le remboursement du capital et a droit seulement aux intérêts, qui sont payables par semestre ou par trimestre suivant l'espèce de rente.

Toutefois, on doit faire remarquer que l'État conserve la faculté de rembourser, s'il le veut, les prêteurs.

Les propriétaires de rentes sur l'État peuvent les vendre à la Bourse, par l'intermédiaire d'un agent de change. Cette vente s'effectue avec concurrence et publicité.

2. Lorsque le prix de la rente, ou, comme on le dit, le *cours de la rente* atteint 100 fr., la rente est dite *au pair;* lorsque ce cours est au-dessous de 100 fr., la

(1) On entend par *capital nominal* le capital que l'État devrait à ses créanciers en cas de remboursement. Ce capital est 100 francs, c'est-à-dire le pair pour chaque nature de rente.

rente est au-dessous du *pair* enfin, elle est au-dessus du *pair* lorsque ce même cours dépasse 100 fr.

Quand on dit que la rente *cinq pour cent* vaut 95 fr. 40 c., cela signifie que pour 95 fr. 40 c. on a 5 fr. de rente *cinq pour cent.*

Le cours de la rente est rendu public chaque jour.

3. La rente représente l'intérêt du capital de la *dette publique.* Ce capital s'élevait en l'an VI (1797) à 2.800.000.000 de francs ; il fut réduit dans le courant de la même année de deux tiers; de là le nom de *tiers consolidé* donné à la rente qui, plus tard (1802), reçut le nom de *cinq pour cent.*

Par un décret du 14 mars 1852, le *cinq pour cent ancien* fut réduit d'un *dixième*, c'est-à-dire à *quatre et demi pour cent* et les porteurs de rente qui ne voulurent pas accepter cette réduction furent remboursés au capital nominal de 100 fr.

4. Lorsque les intérêts de la rente sont échus, ils prennent le nom d'*arrérages* et sont payables par trimestre ou par semestre suivant la nature de la rente, savoir :

Le 5 °/₀ nouveau, les 16 février, 16 mai, 16 août et 16 novembre
Le 4 1/2 et le 4 °/₀, les 22 mars et 22 sept.
Le 3 °/₀, les 1er janvier, 1er avril, 1er juillet et 1er octobre.
} de chaque année.

Voici le tableau des *arrérages* à payer annuellement par le trésor public, avec l'évaluation du capital nominal qu'ils représentent, non compris le fonds d'amortissement.

		ARRÉRAGES ANNUELS.	CAPITAL NOMINAL
RENTES	5 °/₀........	346.001.695	6.920.032.100
—	4 1/2 °/₀.....	37.450.476	832.232.800
—	4 °/₀........	446.006	11.152.400
—	3 °/₀.......	364.695.465	12.156.515.500
	Totaux......	748.593.642	19.919.932.800

Problème 1. *Combien peut-on acheter de rentes 4 1/2 % au cours de 92 fr., avec un capital de 45000 francs?*

92 fr.	4 fr., 50
45000	x

Si 92 fr. donnent............... 4 fr., 50

1 fr. donnera............... $\frac{4,50}{92}$

45000 fr. donneront........... $\frac{4,50 \times 45000}{92} = 2201$ fr., 0

Problème 2. *La rente 4 1/2 % est au cours de* 91 *fr.*, 75. *Combien coûteront* 3500 *francs de cette rente?*

4 fr. 50	91 fr., 75
3500	x

Si 4 fr. 50 de rente coûtent...... 91 fr., 75

1 fr. de rente coûtera...... $\frac{91,75}{4,50}$

3500 fr. de rente coûteront.... $\frac{91,75 \times 3500}{4,50} = 71361$ f., 11

Problème 3. *A quel taux place-t-on son argent en achetant du* 4 1/2 % *au cours de* 92 *fr.*, 85?

92 fr. 85	4 fr., 50
100	x

Si 92 fr. 85 rapportent.......... 4 fr., 50

1 fr. rapportera.......... $\frac{4,50}{92,85}$

100 fr. rapporteront........ $\frac{4,50 \times 100}{92,85} = 4$ fr., 84

Problème 4. *Combien retirera-t-on de la vente d'un inscription de* 4500 *fr. de rente* 3 % *au cours de* 67 *fr.*, 25

3 fr.	67 fr., 25
4500	x

Si 3 fr. de rente valent.......... 67 fr., 25

1 fr. de rente vaudra........ $\frac{67,25}{3}$

4500 fr. vaudront.............. $\frac{67,25 \times 4500}{3} = 11208$ fr., 33

Problème 5. *Combien coûtent* 2500 *fr. de rente* 3 % *au cours de* 65 *fr.*, 25 ?

3 fr.	65 fr., 25
2500	x

Si 3 fr. de rente coûtent........ 65 fr., 25

1 fr. de rente coûtera........ $\frac{65,25}{3}$

2500 fr. de rente coûteront...... $\frac{65,25 \times 2500}{3} = 54375$ fr.

Problème 6. *On a payé* 63160 *fr. pour* 3000 *fr. de rente* 3 %. *Quel était le cours de la rente?*

3000 fr.	63160 fr.
3	x

Si 3000 fr. de rente ont été payés. 63160 fr.

1 fr. de rente sera payé..... $\frac{63160}{3000}$

3 fr. de rente seront payés.. $\frac{63160 \times 3}{3000} = 63$ fr., 16

Problème 7. *A quel taux place-t-on son argent en achetant du* 3 % *au cours de* 66 *fr.*, 67 ?

66 fr., 67	3 fr.
100	x

Si 66 fr. 67 rapportent.......... 3 fr.

1 fr. rapportera.......... $\frac{3}{66,67}$

100 fr. rapporteront........ $\frac{3 \times 100}{66,67} = 4$ fr., 49

Problème 8. *Est-il plus avantageux d'acheter du* 4 1/2 % *au cours de* 91 *fr.*,25, *que du* 3 % *au cours de* 68 *fr.*, 60 ?

On doit chercher ce que rapportent 100 francs dans l'une et dans l'autre condition.

Premier cas :

Si 91 fr., 25 rapportent.......... 4 fr., 50

1 fr. rapportera.......... $\frac{4,50}{91,25}$

100 fr. rapporteront........ $\frac{4,50 \times 100}{91,25} = 4$ fr., 92

Deuxième cas :

Si 68 fr., 60 rapportent.......... 3 fr.

1 fr. rapportera.......... $\frac{3}{68,60}$

100 fr. rapporteront........ $\frac{3 \times 100}{68,60} = 4$ fr., 37

Différence en faveur du 4 1/2 % 0,55 %

Il est donc plus avantageux d'acheter de la rente 4 1/2 % au cours de 91 fr., 25, puisque 100 francs rapportent 4 fr., 92, tandis qu'en achetant du 3 % au cours de 68 fr. 60, 100 francs ne rapportent que 4 fr., 37.

Problème 9. *Combien paiera-t-on 6300 fr. de rente 5 %, lorsque le cours est 92 fr., 30?*

5 fr. 92 fr., 30

6300 x

Si 5 fr. de rente coûtent........ 92 fr., 30

1 fr. de rente coûtera........ $\frac{92,30}{5}$

6300 fr. de rente coûteront...... $\frac{92,30 \times 6300}{5} = 116298$ fr.

Problème 10. *On a une somme à placer; vaut-il mieux acheter de la rente 5 % au cours de 92 fr., 50, ou des actions du chemin de fer de Lyon à 846 fr., 25 et rapportant chacune 52 fr.?*

Il faut chercher à quel taux seront placés 100 francs dans chacun des deux cas.

Premier cas :

Si 92 fr., 50 rapportent.......... 5 fr.

1 fr. rapportera......... $\frac{5}{92,50}$

100 fr. rapporteront........ $\frac{5 \times 100}{92,50} = 5$ fr., 40

Deuxième cas :

Si 846 fr., 25 rapportent. . . . . . 52 fr.

1 fr. rapportera. . . . . $\frac{52}{846,25}$

100 fr. rapporteront. . . . . . . $\frac{52 \times 100}{846,25} = 6$ fr., 14

On fera donc un meilleur placement en achetant des actions du chemin de fer de Lyon; on y gagnera 0 fr., 74 %.

Problème 11. *La rente 5 % est au cours de 92 fr., 40, quel est le cours correspondant de la rente 4 1/2 %?*

Si 92 fr. 40 rapportent. . . . . 5 fr.

1 fr. rapportera . . . . $\frac{5}{92,40}$

100 fr. rapporteront. . . . . $\frac{5 \times 100}{92,40} = 5$ fr., 41

En achetant de la rente 5 % on place donc son argent à 5,41 %.

Si 5 fr. 41 est l'intérêt de. . . . . . . 100 fr.

1 fr. sera l'intérêt de. . . . . $\frac{100}{5,41}$

4 fr. 50 est donc l'intérêt de. . $\frac{4,50 \times 100}{5,41} = 83$ fr., 18

Donc lorsque la rente 5 % est au cours de 92 fr., 40, la rente 4 1/2 % aura un cours correspondant si elle est à 83 fr., 18.

QUESTIONNAIRE.

Qu'appelle-t-on rentes sur l'Etat? 1.— Quand est-ce que la rente est au pair, au-dessous ou au-dessus du pair? 2. — Que représente la rente? 3.— Qu'appelle-t-on arrérages? 4.— Comment sont payables les arrérages des diverses sortes de rente? 4.

Problèmes sur les rentes.

1. Que coûtent 890 fr. de rente 4 1/2 % au cours de 83 fr., 75?

2. Combien aurait-on de rente 4 1/2 % au cours de 89 fr., 20, pour 26500 fr.?

3. 2250 fr. de rente 4 1/2 °/₀ ont coûté 40733 fr. 33. Quel était le cours de la rente ?

4. On achète 1500 fr. de rente 3 °/₀ au cours de 67 fr., 20, qu'on revend au cours de 66 fr., 90. Combien perd-on ?

5. En achetant de la rente 4 1/2 °/₀ au cours de 86 fr., 75, quel taux place-t-on son argent ?

6. Quel est le fonds public qui offre le meilleur placement du 4 1/2 °/₀ à 92 fr., 80 ou du 4 1/2 °/₀ à 87 fr., 15 ?

7. On a acheté 4987 fr. de rente 4 1/2 °/₀ au cours de 93 fr., 25, on les revend au cours de 93 fr., 90. Quel est le bénéfice ?

8. Quand la rente 4 1/2 °/₀ est à 94 fr., 30, quel est le cours correspondant du 5 °/₀ ?

9. Quand la rente 3 °/₀ est à 61 fr., 20, quel est le cours correspondant du 4 1/2 °/₀, et combien coûtent 6703 fr. de rente à l'un ou à l'autre cours ?

10. Si le 4 1/2 °/₀ baisse de 3 fr., 75, quelle doit être la baisse correspondante du 3 °/₀ ?

11. Que coûtent 27000 fr. de rente 5 °/₀ au cours de 95 fr., 25 ?

12. Combien achètera-t-on de rente 5 °/₀ au cours de 91 fr., 60, pour 38700 fr. ?

13. 1570 fr. de rente 5 °/₀ ont coûté 29311 fr., 90. Quel était le cours de la rente ?

14. On achète 5300 fr. de rente 5 °/₀ au cours de 92 fr., 50; on revend au cours de 89 fr., 70. Combien perd-on ?

15. A quel taux a-t-on placé son argent lorsqu'on a acheté de la rente 5 °/₀ à 93 fr., 25 ?

16. Quel est le meilleur placement, d'acheter de la rente 4 1/2 °/₀ au cours de 92 fr., 85 ou de la rente 5 °/₀ au cours de 98 fr., 60.

17. Que gagne-t-on si l'on revend 3720 fr. de rente 5 °/₀ au cours de 94 fr., 30, l'ayant acheté au cours de 91 fr., 60 ?

18. Lorsque la rente 5 °/₀ baisse de 0 fr., 85, quelle est la baisse correspondante du 3 °/₀ ?

19. Est-il préférable d'acheter du 4 1/2 °/₀ au cours de 101 fr., 25, que des actions du chemin de fer du Nord au cours de 1018 fr., rapportant chacune 60 fr. ?

20. Vaut-il mieux acheter des actions du chemin de fer d'Orléans au cours de 852 fr. et rapportant 56 fr. par action,

que du chemin de fer de l'Est au cours de 512 fr. produisant 33 fr. par action?

DE LA RÈGLE D'ESCOMPTE.

1. L'escompte est la réduction opérée sur le montant d'un billet (1) *non échu*, ou en général sur une somme dont le paiement est effectué avant l'échéance (2).

Le taux de l'escompte est la *retenue* faite sur 100 fr. payables au bout d'un an.

2. Il y a deux espèces d'escompte, l'*escompte en dehors* et *l'escompte en dedans*.

Pour mieux les faire comprendre, disons que nous distinguerons dans un billet, ou en général dans un effet de commerce, deux valeurs : LA VALEUR NOMINALE et LA VALEUR ACTUELLE. Nous appellerons *valeur nominale* d'un billet la somme qui est écrite sur le billet et que le *porteur* (3) ne recevra qu'à l'échéance. La *valeur actuelle* est ce que vaut le billet actuellement, c'est-à-dire le prix qu'en retirerait le porteur, déduction faite de l'escompte ; donc la valeur actuelle d'un billet augmentée de l'escompte de ce billet égale la valeur nominale.

3. Cela posé, on prend l'ESCOMPTE EN DEHORS quand on retient l'intérêt de la valeur nominale au taux convenu, pour le temps indiqué.

On prend l'ESCOMPTE EN DEDANS quand on retient seulement l'intérêt de la valeur actuelle.

---

(1) On entend en général par BILLET OU EFFET DE COMMERCE la reconnaissance par écrit d'une dette avec promesse de la payer à une époque désignée. On distingue dans le commerce deux espèces d'*effets*, les *billets à ordre* et les *lettres de change*.

(2) On appelle *échéance* l'époque à laquelle un billet ou une lettre de change est exigible et où elle doit être payée.

(3) On appelle *porteur* d'un billet ou d'une lettre de change le propriétaire de ce billet ou de cette lettre de change.

Il résulte de ce qui précède que l'escompte en dehors est plus fort que l'escompte en dedans, le taux étant supposé égal, parce que, nous le répétons, l'escompte en dehors retient l'intérêt de toute la somme portée sur le billet qui est la *valeur nominale*, tandis que l'escompte en dedans ne retient que l'intérêt de la *valeur actuelle*.

L'escompte en dehors est le plus usité en France, sans doute parce qu'il est plus expéditif et plus facile à calculer.

4. *On nomme règle d'escompte toute question où l'on se propose de chercher l'une de ces quatre quantités, les trois autres étant connues ou données : l'escompte d'un billet, le taux de l'escompte, le montant du billet, le temps qui s'écoule du jour de l'escompte au jour de l'échéance.*

Problème 1. *On a présenté à l'escompte en dehors 5 °/₀ un billet de 4,500 fr. payable dans 4 mois 15 jours. Quelle somme retiendra le banquier ?*

Puisque l'escompte en dehors n'est autre chose que l'intérêt de la valeur nominale 4500 fr. pour 4 mois 15 jours à 5 °/₀, cherchons cet intérêt.

Si 100 fr. en 360 jours rapportent............ 5 fr.

1 fr. en 360 jours rapportera............ $\frac{5}{100}$

1 fr. en 1 jour rapportera............ $\frac{5}{100 \times 360}$

4500 fr. en 1 jour rapporteront............ $\frac{5 \times 4500}{100 \times 360}$

4500 fr. en 135 jours rapporteront.......... $\frac{5 \times 4500 \times 135}{100 \times 360}$

Cet intérêt est 84 fr., 37 que nous appellerons escompte.

En retranchant cet intérêt de 4500 fr., on trouve 4415 fr., 63 qui est la somme que recevra le porteur du billet : c'est la valeur actuelle du billet.

Supposons maintenant qu'on escompte *en dedans* le même billet.

L'escompte *en dedans* est l'intérêt pour 4 mois

15 jours de la valeur actuelle du billet. Ce billet renferme en conséquence un capital et un intérêt. Cherchons l'un ou l'autre, l'intérêt par exemple. Pour avoir un terme de comparaison, nous calculerons l'intérêt de 100 fr. pour le temps indiqué 135 jours, on dira :

Si 100 fr. en 360 j. rapportent... 5 fr.

100 fr. en 1 j. rapporteront . $\frac{5}{360}$

100 fr. en 135 j. rapporteront. $\frac{5 \times 135}{360} = 1$ fr., 875

Donc 100 fr. aujourd'hui vaudront dans 4 mois 15 jours à 5 %, intérêt et capital, 101 fr., 875, et réciproquement 101 fr., 875, aux mêmes conditions, ne vaudront aujourd'hui que 100 fr.; donc 1 fr., 875 est bien l'intérêt de la valeur actuelle d'un billet de 101 fr., 875.

Ce terme de comparaison établi, il est facile maintenant de trouver l'escompte au même taux d'un billet de 4500 fr. payable aussi dans 4 mois 15 jours, en raisonnant ainsi :

Si sur 101 fr., 875 l'escompte est............ 1 fr., 875

sur 1 fr. l'escompte sera.......... $\frac{1.875}{101,875}$

sur 4500 fr. l'escompte sera........... $\frac{1.875 \times 4500}{101,875}$

On trouve 82 fr., 82 ; donc l'escompte en dedans, à 5 %, d'un billet de 4500 fr. payable dans 4 mois 15 jours, est 82 fr., 82 c. En le retranchant du montant du billet, nous trouverons 4417 fr., 18 c. qui représentent la somme que le porteur aura à recevoir.

On pourrait encore trouver directement la somme à payer par le banquier en prenant pour terme de comparaison le capital 100 fr., qui est la valeur actuelle du billet de 101 fr. 875. On dirait alors :

Si un billet de 101 fr., 875 est réduit par l'escompte à 100 fr.

un billet de 1 fr. sera réduit à........ $\frac{100}{101,875}$

un billet de 4500 fr. sera réduit à........ $\frac{100 \times 4500}{101,875}$

Effectuant le calcul, on trouve 4417 fr., 18 c.

En comparant le résultat de l'escompte en dehors . . . . 4415 fr., 63 c.
avec celui que l'on a obtenu par l'escompte en dedans. . . . . 4417 fr., 18

on remarque que le porteur reçoit en moins. . . . . 1 fr., 55 c.

La perte qu'il éprouve dans le premier cas est précisément l'intérêt de 82 fr., 82, pendant 4 mois 15 jours, puisque dans l'escompte en dehors on prend l'intérêt de la valeur actuelle et de l'intérêt de cette même valeur.

On remarquera encore que la différence qui existe entre les sommes retenues par le banquier dans les deux cas est aussi de 1 fr., 55.

Problème 2. *Quel est le montant ou quelle est la valeur nominale d'un billet payable dans trois mois, escompté en dehors à 5 °/₀ et pour lequel on a reçu 6399 fr.?*

Nous avons dit qu'en prenant l'escompte en dehors on retient l'intérêt de la valeur nominale et on paie le reste qui est la valeur actuelle. Dans le cas qui nous occupe, 6399 fr. est la valeur actuelle du billet.

Pour avoir un terme de comparaison, calculons l'intérêt de 100 fr. pour 3 mois à 5 °/₀. On trouve 1 fr., 25. D'où l'on déduit que la valeur actuelle d'un billet de 100 fr. escompté en dehors à 5 °/₀, payable dans 3 mois, serait 100 fr. — 1 fr., 25 = 98 fr., 75 centimes.

Ce terme de comparaison établi, il est facile maintenant de trouver la valeur nominale d'un billet escompté au même taux, payable dans 3 mois et pour lequel on a reçu 6399 fr., en raisonnant ainsi :

Si on reçoit 98 fr. 75 pour un billet de... 100 fr.

on recevra 1 fr. pour un billet de.... $\frac{100}{98,75}$

et on recevra 6399 fr. pour un billet de.... $\frac{100 \times 6399}{98,75}$

On trouve pour le montant du billet 6480 fr.

Problème 3. *Quel est le montant d'un billet payable dans 3 mois, escompté en dedans à 5 °/₀ et pour lequel on a reçu 6400 fr.?*

D'après la manière de prendre l'escompte en dedans, 6400 fr. est la valeur actuelle du billet. Donc la valeur nominale se composera de 6400 fr., plus de l'intérêt de cette somme.

Pour résoudre la question, nous chercherons en conséquence l'intérêt de 6400 fr. pour 3 mois à 5 °/₀. On trouve 80 fr.; donc le montant du billet ou la valeur nominale de ce billet est 6400 fr. + 80 fr. ou 6480 fr.

On pourrait encore trouver directement le montant du billet, en cherchant l'intérêt de 100 fr. pendant 3 mois à 5 °/₀. Nous avons vu plus haut que c'est 1 fr., 25.

Donc la valeur actuelle d'un billet de 101 fr., 25 payable dans 3 mois, escompté en dedans à 5 °/₀, serait 100 fr.

Ce terme de comparaison établi, on trouvera le montant d'un billet escompté au même taux, payable dans 3 mois et pour lequel on a reçu 6400 fr. en raisonnant ainsi :

Si on reçoit 100 fr. pour un billet de........ 101 fr., 25

on recevra 1 fr. pour un billet de........ $\frac{101,25}{100}$

et on recevra 6400 fr. pour un billet de...... $\frac{101,25 \times 6400}{100}$

Effectuant le calcul, on trouve encore 6480 fr.

Problème 4. *Quel est le montant d'un billet payable dans 4 mois pour lequel un banquier a retenu 12 fr., 24 c. pour l'escompte en dehors à 6 °/₀ ?*

L'escompte étant en dehors, 12 fr., 24 représente l'intérêt de la valeur nominale du billet.

Pour avoir un terme de comparaison, calculons l'intérêt de 100 fr. pour 4 mois à 6 °/₀. On trouve 2 fr.; donc 2 fr. d'escompte à 6 °/₀ pendant 4 mois proviennent d'un capital de 100 fr.

Ce terme de comparaison établi, on trouvera aisément la valeur nominale d'un billet escompté au même taux, payable dans 4 mois et pour lequel on a retenu 12 fr., 24, en raisonnant ainsi :

Si 2 fr.	sont l'escompte de..............	100 fr.
1 fr.	sera l'escompte de..............	$\frac{100}{2}$
et 12 fr., 24	seront l'escompte de............	$\frac{100 \times 12,24}{2}$

On trouve pour résultat 612 fr.

Problème 5. *Quel est le montant d'un billet payable dans 4 mois, pour lequel un banquier a retenu 12 fr. pour l'escompte en dedans, à 6 %.*

L'escompte étant en dedans, 12 fr. représentent l'intérêt de la valeur actuelle du billet.

Dès lors, cette valeur actuelle est la somme qui a été payée au porteur. Pour résoudre la question nous allons chercher le capital qui a rapporté 12 fr. d'intérêt en 4 mois à 6 %. On trouve 600 fr.; donc le montant du billet est 600 fr. + 12 fr. ou 612 fr.

On pourrait encore trouver directement le montant du billet, en cherchant l'intérêt de 100 fr. pendant 4 mois à 6 %. Cet intérêt est 2 fr.

Donc le montant d'un billet escompté en dedans à 6 % pour 4 mois, pour lequel on a retenu 2 fr., serait 102 fr.

Ce terme de comparaison établi, on trouvera facilement le montant d'un billet, escompté en dedans au même taux, payable dans 4 mois et pour lequel on a retenu 12 fr., en raisonnant de la manière suivante :

Si 2 fr.	sont l'escompte de..................	102 fr.
1 fr.	sera l'escompte de..................	$\frac{102}{2}$
et 12 fr.	seront l'escompte de...............	$\frac{102 \times 12}{2}$

On trouve encore pour résultat 612 fr.

Remarque. L'escompte en dehors ne s'applique et ne doit s'appliquer que pour des temps très-limités, autrement on arriverait à des résultats inadmissibles ; ainsi, par exemple, 100 fr. payables au bout de 20 ans et escomptés en dehors à 5 °/₀ auraient pour valeur actuelle 0, résultat absurde. L'escompte en dedans donne dans le même cas 50 fr.; en effet, c'est 50 fr. qui, après 20 ans de placement à 5 °/₀, deviennent 100 fr.

Il arrive assez fréquemment qu'on a à résoudre des questions semblables aux suivantes :

En revendant sa marchandise 1895 fr., un marchand a gagné 30 °/₀ sur le prix d'achat. Combien avait-il payé sa marchandise?

Quand on dit que le marchand gagne 30 °/₀, cela signifie qu'il a vendu 130 fr. ce qui ne lui avait coûté que 100 fr.

On dira :

S'il revend 130 fr. ce qui lui coûte 100 fr.

il revendra 1 fr. ce qui lui coûte $\frac{100}{130}$

il revendra 1895 fr. ce qui lui coûte $\frac{100 \times 1895}{130} = 1457$ f. 70

On peut avoir, au contraire, à trouver le prix de vente, en calculant le bénéfice sur le prix d'achat, comme dans le problème suivant :

Combien faut-il revendre une pièce de toile qui coûte 700 fr. pour gagner 18 °/₀ sur le prix d'achat?

Cela signifie que ce qui coûte 100 fr. doit être revendu 118 fr.

On dira alors :

Si ce qui coûte 100 fr. doit être revendu 118 fr.

ce qui coûtera 1 fr. sera revendu $\frac{118}{100}$

ce qui coût. 700 fr. sera revendu $\frac{118 \times 700}{100} = 826$ fr.

QUESTIONNAIRE.

Qu'est-ce que l'escompte? 1. — Combien y a-t-il de sortes d'escompte? 2. — Qu'est-ce que la valeur nominale d'un billet? Qu'est-ce que sa valeur actuelle? 2. — En quoi consiste l'escompte en dehors? En quoi consiste l'escompte en dedans? 3. — Qu'appelle-t-on règle d'escompte? 4.

Problèmes sur la règle d'escompte.

1. Que devient le capital de 8560 fr. escompté à 6 °/o en dehors?

2. Que devient le capital 4970 fr. escompté en dedans à 5 °/o?

3. Quel est l'escompte de 1560 fr. pendant 6 mois, l'escompte étant pris en dedans à 6 °/o par an?

4. A quel taux a été porté l'escompte d'un capital de 2050 fr. réduit à 2007 fr., 20 c., l'escompte étant pris en dehors pour 5 mois?

5. Un billet de 840 fr. dont l'échéance arrive le premier novembre est passé, le 15 octobre de la même année, à une autre personne. Combien celle-ci doit-elle payer, l'escompte en dedans étant à 6 pour °/o par an?

6. Sur la somme de 1200 fr. je n'ai payé que 1104 fr.; de combien pour cent était l'escompte, l'escompte étant en dehors?

7. Quel est l'escompte en dedans à 4 °/o d'un billet de 1275 francs à 60 jours d'échéance?

8. Sur une lettre de change de 6000 fr., un banquier a reçu un escompte de 164 fr., l'escompte en dehors étant à 4 °/o; à quelle date était l'échéance de la lettre de change?

9. Un banquier a donné 5838 fr. pour une lettre de change de 6000 fr. payable dans 41 jours; à quel taux était l'escompte en dehors?

10. A combien de mois d'échéance est un billet de 2030 fr. qui, escompté à 6 °/o en dedans, ne vaut que 2000 fr.?

11. Quel est le montant d'un billet payable le 11 juillet qui, escompté en dehors le 3 mars précédent, a été réduit à 4588 fr.?

12. Un négociant gagne 25 °/o sur le prix d'achat en vendant 3500 fr. une marchandise. Combien l'a-t-il achetée?

13. Un marchand a acheté 70 barriques de sucre à 42 fr. 50 et à 3 mois de crédit, mais avec un escompte de 4 1/2 °/₀ par an s'il paie comptant. Quelle somme déboursera-t-il, sachant qu'on lui accorde 5 1/2 °/₀ de tare ?

14. Un négociant a revendu 8 pièces de drap 3785 fr., 50; il a gagné 25 1/2 °/₀ sur le prix d'achat ; combien lui avaient coûté ces pièces d'étoffe?

15. Combien faut-il vendre un mètre de calicot qui coûte 0 fr. 75 c. pour gagner 25 °/₀ sur le prix de revient ?

16. La paire de gants coûte 3 fr. 40, combien faut-il vendre la douzaine de paires pour gagner 10 °/₀ sur le prix de revient ?

DE LA RÈGLE DE CHANGE.

1. On entend par change la remise d'argent d'une place sur une autre place de commerce.

2. Cette remise s'opère au moyen des lettres de change.

3. Le prix à payer, par exemple, à Paris pour avoir telle somme d'argent à Lyon, constitue le cours du change.

4. Ce cours varie suivant la rareté ou l'abondance du papier sur Lyon.

5. Il peut être au pair, au-dessus ou au-dessous du pair.

6. Le change est au pair lorsque les lettres de change payables à Lyon se négocient à Paris sans profit ni perte, c'est-à-dire lorsque 100 fr. à Paris donneront 100 fr. à Lyon.

7. Il est au-dessus du pair lorsque le papier sur Lyon se négocie à Paris avec bénéfice, de telle sorte que, pour recevoir à Lyon 100 fr., il faudra donner à Paris 101 fr., 102 fr. ou 103 fr. selon le taux du change.

8. Il est au-dessous du pair dans le cas contraire,

c'est-à-dire lorsqu'une lettre de change de 100 fr., payable à Lyon, ne vaut à Paris que 99 fr. ou 98 fr.

9. *La règle de change est celle qui a pour but de nous faire connaître quel est le prix à payer pour recevoir une somme déterminée dans tel lieu que l'on désigne.*

Problème 1. *Un négociant voulant aller de Paris à Londres désirerait recevoir* 20000 *fr. dans cette dernière ville. On demande combien il devra remettre au banquier de Paris, le change étant de* 2 1/2 °/₀.

Le problème se résout de la manière suivante :

Si pour avoir 100 fr. à Londres, il faut donner... 102 fr. 50 à Paris,

pour avoir 1 fr. à Londres, il faudra donner.. $\frac{102,50}{100}$

et p. avoir 20000 fr. à Londres, il faudra donner. $\frac{102,50 \times 20000}{100} = 20500$ fr.

Problème 2. *Un négociant remet* 20500 *fr. à un banquier de Paris ; on demande combien le négociant recevra à Londres, en supposant que le change entre ces deux villes est de* 2 1/2 °/₀?

On dira :

Si pour 102 fr. 50 donnés à Paris, je reçois.... 100 francs à Londres.

pour 1 fr. donné à Paris, je recevrai.. $\frac{100}{102,50}$

pour 20500 fr. donnés à Paris, je recevrai.. $\frac{100 \times 20500}{2,50} = 20000$ fr.

Problème 3. *Un banquier a reçu* 500 *fr. pour le change d'une lettre de change à* 2 1/2 °/₀, *de combien était la lettre de change?*

Raisonnez ainsi :

Si 2 fr., 50 viennent de........ 100 fr.

1 fr., viendra de........ $\frac{100}{2,50}$

500 fr. viendront de........ $\frac{100 \times 500}{2,50}$ = 20000 fr.

QUESTIONNAIRE.

Qu'entend-on par change? 1. — Comment s'opère cette remise? 2. — Qu'est-ce qui constitue le cours du change? 3. — Ce cours ne subit-il aucune variation? 4. — Quelles sont les variations qu'il peut subir? 5. — Quand le change est-il au pair? 6. — Quand est-il au-dessus du pair? 7. — Quand est-il au-dessous du pair? 8. — Qu'est-ce que la règle de change? 9.

Problèmes sur la règle de change.

1. Un particulier demande à un banquier un billet de 15000 fr. payable à Paris. Combien donnera-t-il au banquier qui prend 1/2 % pour le change?

2. Un banquier a reçu 15075 fr. pour un billet sur Paris, on demande de combien était ce billet, le change étant à 1/2 %?

3. Un banquier a reçu 78 fr. pour le change d'un billet à 1/2 %, de combien était le billet?

DE LA RÈGLE DE SOCIÉTÉ.

1. Lorsque deux ou plusieurs personnes unissent leurs capitaux ou leur industrie pour une entreprise commerciale, il se forme entre elles UNE SOCIÉTÉ. Le bénéfice ou la perte qui en résulte se partage, à moins de conventions contraires, entre les associés, proportionnellement à la somme versée dans l'entreprise par chacun d'eux, et proportionnellement au temps pendant lequel cette somme y est restée.

2. La somme fournie par chaque associé est appelée MISE. La réunion de ces mises prend le nom de CAPITAL SOCIAL.

3. Dans les grandes entreprises, comme celles des chemins de fer, des banques publiques, des assuran-

ces, etc., le capital social se divise en sommes égales qu'on nomme ACTIONS.

Toute personne propriétaire d'actions se nomme ACTIONNAIRE. Chaque action rapporte un intérêt qui est fixe, plus un DIVIDENDE représentant la portion de bénéfice réalisé en excédant de cet intérêt. Ce dividende varie selon l'importance des bénéfices de l'entreprise.

4. Les actions peuvent se vendre à la bourse comme les rentes sur l'État; leur prix est d'autant plus élevé que l'entreprise réussit mieux, c'est-à-dire que le dividende est plus grand.

5. On peut, dès lors, définir la règle de société, *toute règle qui a pour but de partager entre plusieurs associés, proportionnellement à leur mise et au temps pendant lequel elle est restée dans la société, le bénéfice ou la perte résultant de leur association, ou de calculer avec des données suffisantes le bénéfice total ou la perte totale, ou encore la mise de chaque associé.*

Problème 1. *Trois associés ont mis dans le même commerce : le premier* 20000 *fr.; le second* 60000 *fr.; le troisième* 80000 *fr.; ils ont fait un bénéfice de* 40000 *fr. On demande de partager ce gain proportionnellement à ces mises?*

Solution :

La somme qui a rapporté le bénéfice = 20000 fr. + 60000 fr. + 80000 fr. = 160000 fr.

Je dirai donc :

Si 160000 fr. ont produit un bénéfice de 40000 fr.

$$1 \text{ fr. produira } \frac{40000}{160000} \text{ ou } \frac{4}{16} \text{ ou } \frac{1}{4}$$

Le bénéfice de 1 fr. étant connu,

le bénéfice du 1er associé sera $\frac{1}{4} \times 20000 = 5000$ fr.

le bénéfice du 2e — $\frac{1}{4} \times 60000 = 15000$

le bénéfice du 3e — $\frac{1}{4} \times 80000 = 20000$

On peut vérifier que 5000 francs + 15000 francs + 20000 francs............... = 40000 fr.

Problème 2. *Les mises de trois associés sont* 20000 *fr.*, 60000 *fr. et* 80000 *fr. Le premier associé reçoit pour sa part* 5000 *fr. de bénéfice. Quel est le bénéfice total?*

Solution : Si 20000 fr. ont rapporté 5000 fr.,

$$1 \text{ fr. rapportera } \frac{5000}{20000} \text{ ou } \frac{5}{20} \text{ ou } \frac{1}{4}.$$

Le bénéfice de 1 fr. étant connu, pour avoir le bénéfice total, il suffit de multiplier ce bénéfice par la somme des mises 160000 fr., on obtient $\frac{1 \times 160000}{4} = 40000$ fr.

Problème 3. *Trois associés ont fait un bénéfice de* 40000 *fr.; le premier a reçu pour sa part dans ce bénéfice* 5000 *fr.; le deuxième* 15000 *fr. et le troisième le reste, c'est-à-dire* 20000 *fr. La somme des mises est* 160000 *fr. Quelle est la mise de chacun?*

Solution :

Si 40000 fr. sont rapportés par 160000 fr.

$$1 \text{ fr. sera rapporté par } \frac{160000}{40000} = \frac{16}{4} = 4 \text{ fr.}$$

La somme qui a rapporté 1 fr. de bénéfice étant connue, il suffit, pour répondre à la question, de multiplier cette somme par le bénéfice de chaque associé. Ainsi, on trouvera que

	fr.
le 1er associé qui a reçu 5000 fr., a mis $4 \times 5000 =$	20000
le 2e associé qui a reçu 15000 fr., a mis $4 \times 15000 =$	60000
le 3e associé qui a reçu 20000 fr., a mis $4 \times 20000 =$	80000

On peut vérifier que 20000 fr. + 60000 francs + 80000 francs = la somme des mises........... 160000

6. La règle de société est dite *simple* lorsque toutes les mises sont restées le même temps dans la société; ainsi, les questions précédentes sont des règles de société simples. La règle de société est *composée*, lorsque les mises restent pendant des temps différents dans la société.

On ramène alors la règle de société composée à la règle de société simple, en multipliant chaque mise par le temps qu'elle est restée dans la société.

Problème 4. *Deux négociants ont mis dans une entreprise l'un 23000 fr. pendant 5 mois; l'autre 35000 fr. pendant 7 mois; ils ont fait un bénéfice de 12000 fr. On demande combien il revient à chacun d'eux?*

Solution. Nous avons dit que la part de chaque associé, à moins de conventions contraires entre les intéressés, est proportionnée à sa mise, quand toutes les mises sont restées le même temps dans la société; mais quand elles y sont restées pendant des temps différents, la part de chaque associé dépend alors, non-seulement de sa mise, mais encore du temps qu'elle est restée dans la société. C'est un principe que l'usage et l'équité consacrent.

En effet, 23000 fr. placés pendant 5 mois produiront autant que 5 fois 23000 fr. ou 115000 fr. pendant un mois; par le même motif, 35000 fr. placés pendant 7 mois produiront autant que 7 fois 35000 fr. pendant un mois ou 245000 fr.

La question proposée revient donc à celle-ci :

Deux négociants ont mis pendant 1 mois, dans un fonds de commerce, l'un 115000 fr., l'autre 245000 fr.; leur bénéfice est de 12000 fr. On demande combien il revient à chacun d'eux?

La somme qui a rapporté le bénéfice = 115000 fr. + 245000 fr. = 360000 fr.

Je dirai donc :

Si 360000 fr. ont produit un bénéfice de 12000 fr.,

1 fr. produira un bénéfice de.. $\frac{12000}{360000} = \frac{12}{360}$

Le bénéfice de 1 fr. étant connu,

le bénéfice du 1er associé sera... $\frac{12 \times 115000}{360} = 3833$ fr.,33

le bénéfice du 2e associé sera.... $\frac{12 \times 245000}{360} = 8166$ fr.,67

On peut vérifier que 3833 f., 33 + 8166 f.,67 = 12000 f.,00

Problème 5. *Partager le nombre* 800 *en trois parties proportionnelles aux nombres* 5, 7 *et* 8.

Cet énoncé veut dire que la première partie doit être les $\frac{5}{7}$ de la seconde, et la seconde les $\frac{7}{8}$ de la troisième; ou encore que la première doit être les $\frac{5}{8}$ de la troisième, et la seconde les $\frac{7}{8}$ de la troisième.

Additionnant les nombres 5, 7 et 8, on trouve 20, d'où l'on conclut que, si le nombre à partager était 20, la première partie serait 5, la seconde 7 et la troisième 8; donc autant de fois 20 sera contenu dans 800, autant de fois il faudra prendre 5 pour la première partie, 7 pour la seconde et 8 pour la troisième.

$$800 : 20 = 40$$

La première	partie	=	$40 \times 5 = 200$
La seconde	partie	=	$40 \times 7 = 280$
La troisième	partie	=	$40 \times 8 = 320$
		Total	800

Problème 6. *Partager 7475 en trois parties qui soient entre elles comme les nombres* $3\frac{1}{6}$, $4\frac{1}{4}$, $6\frac{1}{8}$.

Je réduis les entiers et les fractions, le tout en fraction, ce qui donne $\frac{19}{6}$, $\frac{17}{4}$, $\frac{49}{8}$, puis je réduis ces fractions au même dénominateur 24, elles deviennent $\frac{76}{24}$, $\frac{102}{24}$, $\frac{147}{24}$. La question revient à partager 7475 en trois parties qui soient entre elles comme les fractions $\frac{76}{24}$, $\frac{102}{24}$, $\frac{147}{24}$, ou, ce qui est la même chose, en supprimant les dénominateurs, comme les nombres entiers 76, 102, 147, dont le total est 325.

On a pour la 1re partie $\frac{7475}{325} \times 76 = 1748$

pour la 2e partie $\frac{7475}{325} \times 102 = 2346$

pour la 3e partie $\frac{7475}{325} \times 147 = 3381$

Total 7475

Problème 7. *Partager 2345 en trois parties telles que la première soit les* $\frac{3}{4}$ *de la seconde, et la seconde les* $\frac{5}{6}$ *de la troisième.*

Représentons la troisième partie par 1, la seconde sera $\frac{5}{8}$ et la première $\frac{3}{4} \times \frac{5}{8}$ ou $\frac{15}{32}$. Les trois parties seront donc entre elles comme les nombres :

$$\frac{15}{32}, \frac{5}{8} \text{ et } 1$$

$$\text{ou } \frac{15}{32}, \frac{20}{32} \text{ et } \frac{32}{32},$$

ou, ce qui est la même chose, en supprimant les dénominateurs, comme 15, 20 et 32, dont le total est 67.

En procédant comme dans l'exemple précédent, on trouvera que :

La première partie $= 35 \times 15 =$	525
La seconde partie $= 35 \times 20 =$	700
La troisième partie $= 35 \times 32 =$	1120
Total	2345

Cette règle a souvent pour but les répartitions, soit pour les impôts, soit par suite de faillites, soit dans les sociétés par actions.

Dans ces circonstances, on cherche ce qu'il revient pour un franc en divisant la somme à répartir par le capital primitif. Il faudra avoir soin de calculer le quotient avec une approximation suffisante pour la question qu'on traitera, afin que l'erreur puisse être négligée.

QUESTIONNAIRE.

Qu'appelle-t-on société commerciale? 1. — Qu'appelle-t-on mise, apital social? 2. — Qu'appelle-t-on actions, actionnaire, dividende? 3. — Comment peut-on définir une règle de société? 4. — Qu'appelle-t-on règle de société simple? 6. — Qu'appelle-t-on règle de société composée? 6.

Problèmes sur la règle de société simple.

1. Deux personnes s'associent. La première avance 10000 f. et la deuxième 6000 fr. On demande de partager le bénéfice, 1120 fr., en proportion des mises?

2. Trois hommes, s'étant associés, ont gagné 1150 fr.; le

premier avait mis 800 mètres de mousseline à 6 fr. le mètre; le second 700 mètres de drap à 12 fr.; et le troisième 900 mètres de velours à 5 fr. Combien chacun doit-il avoir sur le gain?

3. Les mises de trois associés sont égales; celle du premier est restée 13 mois dans l'association; celle du second 15 mois; et celle du troisième 19 mois. Le bénéfice résultant de l'association est de 24000 fr. On demande de le partager proportionnellement au temps.

4. Les mises de trois associés sont 17500 fr., 25800 fr. et 31400 fr. Le premier associé reçoit pour sa part 3200 fr. de bénéfice. Quel est le bénéfice total et celui du deuxième et du troisième associé?

5. Trois associés ont fait un bénéfice de 8000 fr. Le premier a reçu pour sa part 3000 fr., le deuxième 3900 fr. et le troisième le reste. La somme des mises est 39200 fr. Quelle est la mise de chacun?

6. Trois créanciers se présentent pour partager 4210 fr. que leur offre un débiteur commun, qui doit au premier 6200 fr.; au deuxième 9300 fr.; et au troisième 12000 fr. Faire ce partage.

7. Trois marchands ont fait un fonds de 8650 fr. qui leur a rapporté 736 fr.; le premier a eu 250 fr., le deuxième 312 fr., et le troisième 174 fr. Quelle était la mise de chacun?

8. Partager 148 fr. entre deux personnes, de telle sorte que la seconde ait deux fois plus que la première.

9. On demande de partager 1540 fr. entre trois personnes, de telle manière que la seconde ait deux fois plus que la première et la troisième autant que les deux autres?

10. Partager 2742fr., 75 c. en quatre parties telles que la première soit les $\frac{2}{3}$ de la seconde, la seconde les $\frac{3}{4}$ de la troisième, et cette dernière les $\frac{5}{6}$ de la quatrième.

Problèmes sur la règle de société composée.

1. Trois négociants ont fait un fonds de 13250 fr.; le premier a mis 5720 fr. pour 9 mois, le second 4216 fr. pour 15 mois, le troisième 3314 fr. pour 5 mois : on demande quelle part chacun doit avoir au gain montant à 2000 fr.?

2. Deux personnes ont contribué inégalement à faire un fonds; la première a mis 6560 fr. pour 3 ans, et la seconde 4217 fr. pour 20 mois : dites quelle part chacune doit avoir au gain, montant à la somme de 3210 fr.

3. Trois particuliers voulant faire le commerce de vins, firent un fonds social : le premier, qui eut 600 fr. pour bénéfice, avait mis 1800 fr. pour 8 mois; le second avait mis 2200 fr. pour 14 mois, et le troisième 3850 fr. pour 18 mois : on demande quel fut le gain total de la société, et celui des deux derniers associés?

RÈGLE DE MÉLANGE ET D'ALLIAGE (1).

1. Les questions qui se rattachent à cette règle sont de deux sortes.

2. Dans la première, il s'agit de trouver la valeur moyenne de plusieurs choses, lorsque le nombre et la valeur particulière de chacune sont connus.

3. Dans la seconde, il s'agit de connaître les quantités de chaque espèce de choses qui composent un mélange, lorsqu'on connaît le prix ou la valeur de chaque espèce et le prix ou la valeur moyenne du mélange.

4. Pour résoudre les questions de la première espèce, il faut, d'après les données du problème, adopter l'une des solutions suivantes :

PREMIÈREMENT. *S'il y a plusieurs mesures de chaque marchandise, multipliez-les par le prix d'une seule ; faites le total des divers produits, et vous le diviserez ensuite par la totalité des mesures qui doivent entrer dans le mélange.*

Problème 1. *On mélange* 70 *litres de vin à* 0 *fr.*, 90 *c. le litre, et* 80 *litres de vin à* 0 *fr.*, 75. *Quel est le prix d'un litre du mélange?*

Solution.

70 litres à 0 fr., 90 valent 70 fois 0 fr., 90, ou 63 fr.
80 litres à 0 fr., 75 — 80 — 0 fr., 75, ou 60
150 litres de mélange valent donc............ 123 fr.

1 litre de mélange vaudra $\frac{123}{150}$ = 0 fr., 82.

(1) Nous devons faire remarquer que le mot *mélange* s'emploie lorsqu'il s'agit de grains et de matières liquides, et le mot *alliage* convient mieux lorsqu'il s'agit de métaux fondus ensemble.

Deuxièmement. *Si l'on veut faire entrer dans le mélange une marchandise d'une certaine qualité dans une proportion double, triple, etc., il faudra prendre deux fois trois fois, etc., le prix et les unités de cette marchandise.*

Problème 2. *On a mélangé 4 espèces de blés, savoir : à 14 fr., à 15 fr. à 17 fr., à 18 fr. l'hectolitre; à combien revient l'hectolitre du mélange, en sachant qu'on a mis 3 fois autant de la première espèce que de la seconde, 2 fois autant de la seconde espèce que de chacune des deux autres?*

Solution. Si l'on prend 1 hectolitre de la troisième et de la quatrième espèce, on devra prendre 2 hectolitres de la seconde espèce et 6 hectolitres de la première espèce.

La question est ramenée à celle-ci :

On a mélangé 6 hectolitres de blé à 14 fr. l'hectolitre, 2 hectolitres à 15 fr. l'hectolitre, 1 hectolitre à 17 fr. et 1 hectolitre à 18 fr. A combien revient l'hectolitre du mélange?

En opérant comme il vient d'être dit (premier problème), on trouve que le prix d'un hectolitre du mélange est de 14 fr., 90.

Problème 3. *On a acheté pour 50500 fr. de capital du 4 1/2 °/₀ au cours de 101 fr.; pour 28800 fr. du 4 °/₀ au cours de 96 fr.; et pour 19250 fr. du 3 °/₀ au cours de 77 fr. On demande quel est le* TAUX MOYEN DE L'INTÉRÊT *de ces divers placements.*

Solution. Il s'agit de savoir à combien pour °/₀ il faudrait placer la somme des capitaux ci-dessus pour obtenir la totalité des intérêts qu'ils produisent séparément aux conditions énoncées.

En faisant ici l'application des principes que nous avons exposés au chapitre des *Rentes sur l'État* on trouve que

50500 fr.	employés en achat de 4 1/2 °/₀ au cours de 101 fr. produisent une rente de......	2250 fr.
28800 fr.	employés en achat de 4 °/₀ au cours de 96 fr. produisent une rente de.....	1200 fr.
19250 fr.	employés en achat de 3 °/₀ au cours de 77 fr. produisent une rente de.......	750 fr.
98550 fr.	produisent donc....................	4200 fr.

La question est ramenée à celle-ci :

Un capital de 98550 fr. produit un intérêt de 4200 fr. Combien produira, aux mêmes conditions, un capital de 100 fr.?

On dira :

Si 98550 fr. donnent une rente de........... 4200 fr.

1 fr. donnera 98550 fois *moins* ou..... $\frac{4200}{98550}$

et 100 fr. donneront 100 fois *plus* ou....... $\frac{4200 \times 100}{98550}$

Effectuant les calculs, on trouve pour le taux *moyen* de l'intérêt 4 fr., 26 c.

Problème 4. *On a fondu ensemble* 3 *lingots d'argent du poids de* 4 *kilog.*, 6 *kilog.* 5 *hectog.*, 8 *kilog.* 3 *hectog.*, *aux titres de* 0,900, 0,850 *et* 0,790. *On demande le titre du nouveau lingot?*

Solution.

Le 1er ling. de 4 k. au titre de 0,900 ne contient d'argent fin que 4 k $\times$ 0,900 = 3 k., 600

Le 2e — 6 k.,5 au titre de 0,850 ne cont. d'arg. fin que 6 k.,5 $\times$ 0,850 = 5 k.,525

Le 3e — 8 k.,3 au titre de 0,790 ne cont. d'arg. fin que 8 k. 3 $\times$ 0,790 = 6 k., 557

18 k. 8 h. contiennent d'argent fin 15 k., 682

1 kilog. ne contiendra que...... $\frac{15 \text{ k. } 682}{18,8}$

Effectuant les calculs, on trouve que l'alliage est au titre de 0,834 $\frac{7}{47}$, c'est-à-dire, que sur 1000 parties d'alliage il n'y a que 834 parties $\frac{7}{47}$ d'argent fin.

5. Pour résoudre les questions de la seconde espèce, c'est-à-dire pour connaître dans quel rapport des marchandises doivent composer un mélange, afin que leurs prix respectifs se compensent, lorsque les uns sont supérieurs, les autres inférieurs au prix que coûtera le mélange, il faut remarquer qu'il y a perte sur les marchandises dont le prix excède celui du mélange,

et gain sur celles qui sont d'un prix inférieur, et qu'en conséquence l'opération consiste à rendre le gain égal à la perte.

Par exemple, avec du vin à 50 centimes et à 80 cent., on veut faire un mélange qui se vende à 60 cent. le litre. Il est évident qu'il y aura perte si l'on met une égale quantité de chaque prix, car sur le vin à 50 cent. on ne gagne que 10 cent., tandis qu'on perd 20 cent. sur celui à 80 cent.

6. Voici la règle à suivre pour la solution des problèmes de ce genre :

On écrit les uns au-dessous des autres, par ordre de grandeur, les prix de chaque espèce, et à droite le prix du mélange. Après avoir trouvé la différence entre le prix du mélange et le prix inférieur, on l'écrit en regard du prix supérieur, et réciproquement l'on pose en regard du prix inférieur la différence qui existe entre le prix supérieur et le prix du mélange. Le rapport des différences prises de cette manière nous indique exactement dans quelle proportion les marchandises doivent composer le mélange.

Problème 5. *On propose de mélanger des vins à 90 centimes et à 55 centimes le litre, de manière que le litre du mélange revienne à 75 centimes. Combien faudra-t-il en prendre de chaque espèce ?*

Prix des espèces.	Prix moyen	Différences.
de la 1re : 90 c.		20
	75 c.	
de la 2e : 55 c.		15

Les quantités de chaque espèce que le marchand doit prendre seront comme les nombres 20 et 15, c'est-à-dire qu'il faudra prendre 20 litres de la 1re espèce et 15 litres de la 2e.

Il est clair, en effet, qu'on doit prendre d'autant plus d'une quantité qu'elle se rapproche davantage du prix du mélange, et qu'on doit en prendre d'autant moins qu'elle s'en éloigne davantage ; or, dans notre exemple, on perd 15 centimes sur le vin à 90 c., tandis que l'on gagne 20 c. sur le vin à 55 c. ; donc pour compenser la perte avec le gain, il faut, pendant que l'on perd 20 fois 15 c., gagner 15 fois 20 c., ou, ce qui est la même chose, mélanger 20 litres de vin à 90 c., avec 15 litres à 55 cent.

Problème 6. *Un marchand a du blé à 34 fr. et à 23 fr. l'hectolitre, il veut faire un mélange de 418 hectolitres dont le prix revienne à 27 fr. l'hectolitre. Combien doit-il prendre d'hectolitres de chaque espèce?*

Solution. Cherchons d'abord dans quel rapport il faut mélanger du blé à 34 fr. l'hectol. et du blé à 23 fr. l'hectol. pour que le prix du mélange soit 27 fr. l'hectolitre.

Nous trouvons

34 fr.		4
	27 fr.	
23 fr.		7
		11

qu'il faut prendre 4 hectol. de la première espèce et 7 de la seconde.

Ainsi pour faire un mélange de 11 hectol. seulement, nous prenons 4 hectol. à 34 fr. et 7 hectol. à 23 fr.

Pour déterminer la quantité qui entrera de l'une et de l'autre espèce pour faire un mélange de 418 hectolitres, on dira :

1° Si pour faire un mélange de 11 hectol., on prend 4 hectol. à 34 fr., pour faire un mélange de 1 hectol. on en prendra 11 fois moins ou $\frac{4}{11}$, et pour faire un mélange de 418 hectol., on en prendra 418 fois plus ou $\frac{7 \times 418}{11} = 152$ hectolitres à 34 fr.

2° Si, pour faire un mélange de 11 hectol., on prend 7 hectol. à 23 francs, pour faire un mélange de 1 hectolitre on en prendra 11 fois moins ou $\frac{7}{11}$, et pour faire un mélange de 418 hectol., on en prendra 418 fois plus ou $\frac{7 \times 418}{11} = 266$ hectol. à 23 fr.

Vérification :

152 hectol. à 34 fr. valent . . .	5168 fr.
266 hectol. à 23 fr. valent . . .	6118
On a 418 hectol. de mélange, valant	11286 fr.

c'est-à-dire 27 francs l'hectolitre.

Problème 7. *Un aubergiste a du vin de trois prix différents; à 57 centimes, à 50 c., et à 45 c. le litre: il demande combien il doit prendre de chaque espèce de vin pour composer un mélange qui revienne à 53 c. le litre.*

Je dispose par ordre les prix donnés et le prix moyen, comme on le voit ci-après, en plaçant le prix moyen à son rang. Je fais d'abord un mélange avec deux sortes de vin a 57 c. et à 50 c. le litre.

En procédant ainsi qu'il a été prescrit (page 204)

57 c . . . 3. 8. je trouve qu'il faudrait 3 litres
53 c. de vin à 57 c. et 4 litres à 50 c.
50 c. 4 pour composer 7 litres de mélange
45 6. 4 à 53 c. Je fais un autre mélange

avec les vins à 57 c. et à 45 c. le litre, je trouve que 8 litres de vin à 57 (écrire sur la ligne de 57) et 4 litres à 45 c. composeront 12 litres de mélange à 53 c. le litre.

Ainsi, on doit prendre 3 lit. + 8 lit. = 11 lit. de la 1re espèce et 4 lit. de chacune des deux autres.

On ferait la preuve de cette opération en cherchant le prix moyen. (Problèmes 1 et 2.)

Problème 8. *Combien doit-on prendre de litres de vins à 44, à 39, à 37, à 34 et à 30 centimes le litre, pour avoir un mélange à 40 centimes le litre?*

Disposez les prix par ordre, comme vous le voyez

44 c. 1. 3. 6. 10. ici ; composez un mélange
40 c. avec le vin à 44 c. et à 39 c.
39 c. 4 qui vaille 40 c. le litre, vous
37 c. 4 trouverez qu'il faut

34 c.	4	1 litre du premier et 4 litres
30 c.	4	du second.

Composez un mélange avec le vin à 44 c. et à 37 c qui vaille 40 c., vous trouverez qu'il faut 3 litres du premier et 4 du second. Opérez ainsi de suite, et vous trouverez enfin qu'en prenant 20 litres du premier vin, et 4 litres de chacun des autres, vous composerez un mélange de 36 litres, qui vaudra 40 c. le litre.

Faites la preuve comme dans le problème précédent.

Problème 9. *Un orfèvre a deux lingots d'argent, l'un est au titre de* 0,860, *et l'autre au titre de* 0,980 *; dans quel rapport faut-il les combiner pour composer un alliage au titre de* 0,900?

Solution.

0,860		0,080					
			0,080		8		2
	0,900			ou		ou	
			0,040		4		1
0,980		0,040					

Ainsi, il faudra prendre 2 fois plus du lingot au titre de 0,860 que de celui au titre de 0,980.

En effet, puisque le nouvel alliage doit être au titre de 0,900, on voit que sur un gramme du lingot au titre de 0,860, il manque 0 gramme, 040 milligrammes d'or ; mais que, sur un gramme du lingot au titre de 0,980, il y a 0 gramme, 080 milligrammes d'or de plus que dans l'alliage moyen ; donc, pour qu'il y ait compensation, lorsqu'on prendra 80 grammes du premier lingot, il faudra en prendre 40 du second, ou, ce qui est la même chose, 2 fois plus du premier lingot que du second.

Problème 10. *Dans quel rapport faut-il allier un lingot d'or au titre de* 0,650 *et de l'or pur pour élever le titre du lingot à* 0,890 ?

Solution

0,650		110		11
	0,890		ou	
1,000		240		24

Ainsi, lorsqu'on prendra 11 parties du lingot au titre de 0,650, il faudra prendre 24 parties d'or pur.

En effet, puisque le nouvel alliage doit être au titre de 0,890, on voit que sur 1 gramme du lingot au titre de 0,650, il manque 0 gram., 240 milligr. d'or; mais que sur 1 gramme d'or pur, il y a 0 gr., 110 milligr. d'or de plus que dans l'alliage moyen ; donc, pour établir la compensation, lorsqu'on prendra 110 grammes du lingot au titre de 0,650, il faudra prendre 240 grammes d'or pur, ou 11 grammes du lingot au titre de 0,650 et 24 grammes d'or pur.

Problème 11. *Un fabricant de bijoux a* 1200 *gr. d'un lingot d'or au titre de* 0,650, *combien doit-il ajouter d'or pur pour en élever le titre à* 0,890?

Solution. Cherchons d'abord dans quel rapport il faut allier un lingot d'or au titre de 0,650 et de l'or pur pour en élever le titre à 0,890.

Nous trouvons

0,650		110		11
	0,890		ou	
1,000		240		24
				35

qu'il faut prendre 11 grammes du lingot au titre de 0,650 et 24 grammes d'or pur.

Ainsi pour faire un lingot au titre de 0,890 du poids de 11 grammes + 24 grammes = 35 grammes, nous prenons 24 grammes d'or pur ; alors nous dirons :

Si pour 35 gr. d'un lingot au titre de 0,890 il faut prendre 24 gr. d'or pur

pour 1 gr. de ce lingot on prendra $\frac{24}{35}$

et pour 1200 gram. on prendra $\frac{24 \times 1200}{35} = 822$ gr., 857.

Problème 12. *Un fabricant de bijoux a* 200 *gram. d'un lingot d'or au titre de* 0,870, *combien doit-il ajouter de cuivre pour en abaisser le titre à* 0,740?

Solution. Cherchons d'abord dans quel rapport il faut allier un lingot d'or au titre de 0,870 et du cuivre pour en abaisser le titre à 0,740.

Les différences prises dans l'ordre inverse, comme il a été dit, page 204, n° 6, indiquent

0,870		0,740		74
	0,740		ou	
0,000		0,130		13
				87

qu'il faut prendre 74 grammes du lingot au titre de 0,870 et 13 grammes de cuivre.

En effet, puisque le nouvel alliage doit être au titre de 0,740, on voit que sur 1 gramme du lingot au titre de 0.870, il y a 0 gram., 130 milligr. d'or de plus que dans l'alliage moyen ; mais que sur un gram. de cuivre, il manque 0 gram., 740 millig. d'or ; donc, pour qu'il y ait compensation, lorsqu'on prendra 740 grammes du lingot au titre de 0,870, il faudra prendre 130 grammes de cuivre ou 74 grammes du premier et 13 grammes du second.

Ainsi, pour faire un lingot au titre de 0,740 du poids de 74 grammes + 13 grammes = 87 grammes, nous prenons 13 grammes de cuivre. Pour déterminer la quantité de ce dernier métal qui entrera dans un lingot ayant le même titre, et du poids de 200 grammes, nous dirons :

Si pour 87 grammes d'un lingot au titre de 0,740, il faut prendre 13 gr. de cuivre,

pour 1 gr. de ce lingot on prendra..... $\frac{13}{87}$

et pour 200 grammes, on prendra...... $\frac{13 \times 200}{87} = 29\text{g.},885$

Problème 13. 400 *litres d'un mélange de vins à 75 centimes et à 50 centimes le litre ont coûté 232 fr., combien ce mélange contient-il de litres de vin de chaque espèce?*

Solution.

400 litres du mélange ont coûté........ 232 fr.

1 litre coûtera 400 fois *moins* ou..... $\frac{232}{400} = 0$ fr., 58

La question est ramenée à celle-ci :

Combien faut-il mélanger de litres de vins à 75 centimes et à 50 centimes le litre pour faire un mélange de 400 litres qui revienne à 58 cent. le litre?

On trouve (problème 6) 128 litres de la première espèce et 272 litres de la seconde.

QUESTIONNAIRE.

Combien d'espèces de questions se rattachent à la règle de mélange et d'alliage? 1. — Dans la première espèce que s'agit-il de trouver? 2. — Que cherche-t-on dans la seconde? 3. — Que faut-il faire pour résoudre les questions de la première espèce? 4. — Comment résout-on les questions de la seconde espèce? 5. — Quelle est la règle à suivre pour leur solution? 6.

Problèmes pour les questions de la première espèce.

1. Un marchand a deux pièces de vin, l'une à 0 fr., 45 c. le litre, et l'autre à 0 fr., 58 c. le litre. S'il les mélange, quel sera le prix du mélange?

2. On a 60 hectolitres de blé à 15 fr. l'hectolitre, 78 hectolitres à 17 fr. l'hectolitre, 89 hectolitres 7 décalitres à 21 fr., 50 c. l'hectol., et 94 hectolitres 8 décalitres à 22 fr., 75 c. On veut mélanger ces différentes qualités de blés et gagner 1789 fr., 40 c. sur la totalité, combien doit-on vendre l'hectolitre?

3. Ayant tiré les $\frac{3}{4}$ d'une pièce de vin contenant 260 litres on la remplit avec du vin à 0 fr., 45 c. A combien revient le litre du mélange, sachant que le premier vin était de 0 fr., 62 c. le litre?

4. On fond ensemble 340 grammes d'un alliage d'or et de cuivre au titre de 0,750 et 340 grammes d'or pur. Quel est le titre du nouvel alliage?

5. La nouvelle monnaie de bronze contient 95 parties de cuivre, 4 parties d'étain, et 1 de zinc. Combien une somme de 980 fr. de cette monnaie contient-elle de cuivre, d'étain et de zinc?

Problèmes pour les questions de la deuxième espèce.

1. Dans quel rapport peut-on mélanger du vin à 0 fr., 95 c. et à 0 fr., 55 c. le litre pour avoir du vin à 0 fr., 77 c.?

2. Dans quel rapport peut-on mélanger du blé à 17 fr., à 19 fr., à 22 fr. et à 25 fr. l'hectolitre, pour avoir du blé à 21 fr., 75 c. l'hectolitre?

3. Un marchand a du café à 5 fr., 80 c. et à 4 fr., 30 c. le kilogr.; il veut en faire un mélange de 500 kilogr. qu'il puisse vendre sans perte ni gain à 4 fr., 70 c. Combien faut-il qu'il en mélange de chaque espèce?

4. Dans quel rapport faut-il mélanger du vin à 0 fr., 90 c. le litre et de l'eau, pour avoir un mélange à 0 fr., 75 c. le litre?

5. 60 litres d'un mélange de vins à 0 fr., 75 c., à 0 fr., 50 c., et à 0 fr., 40 c. le litre, coûtent 36 fr. Combien ce mélange peut-il contenir de litres de vin de chaque espèce?

SOLUTION DE PROBLÈMES DIVERS.

1. *Si l'on veut payer* 230 *francs avec* 70 *pièces de monnaie, les unes de* 5 *fr. et les autres de* 2 *fr., combien faut-il prendre de pièces de chaque espèce?*

Si l'on prenait 70 pièces de 5 fr., on paierait 350 fr., somme supérieure à 230 fr. de 120 fr. — Mais si l'on remplaçait une pièce de 5 fr. par une pièce de 2 fr., on paierait 3 fr. de moins; donc autant de fois 120 fr. contiendront 3 fr., autant de fois il faudra prendre de pièces de 2 fr. pour que l'excédant 120 fr. disparaisse. Nous trouvons 40, c'est-à-dire qu'il faut remplacer 40 pièces de 5 fr. par 40 pièces de 2 fr.; donc il faut prendre 30 pièces de 5 fr., et 40 pièces de 2 fr. En effet, 30 fois 5 fr. + 40 fois 2 fr. = 230 fr.

2. *Deux locomotives partent, l'une de Paris et l'autre de Strasbourg, dont la distance est de* 560 *kilomètres; la première fait* 35 *kilom. à l'heure, et la seconde* 45 *kilom. dans le même temps. On demande après combien d'heures les locomotives se rencontreront, et à quelle distance de leur point de départ?*

Après la première heure les deux locomotives se sont rapprochées de 80 kilom., puisque l'une fait 35 kilom. et l'autre 45, et ainsi de suite à chaque heure suivante. Donc, pour franchir la distance de 560 kilom., il leur faudra $\frac{560}{80}$ ou 7 heures. La première aura franchi 7 fois 35 kilom. ou 245 kilom., et la seconde 7 fois 45 kil. ou 315 kilom.

3. *Une locomotive dirigée de Paris sur Nancy fait* 30 *kilom. à l'heure;* 2 *heures* 1/2 *après une autre locomotive faisant* 40 *kilom. à l'heure, prend la même direction. A quelle distance atteindra-t-elle la première?*

La première locomotive avait 2 fois 1/2 30 kilom. ou 75 kilom. d'avance; mais, à chaque heure, la seconde locomotive gagne 10 kilom. sur la première : par conséquent, après 7 heures 1/2 elle l'aura atteinte à la distance de 7 fois 1/2 40 kilom. ou de 300 kilom.

4. *Trouver deux nombres dont la somme soit 22 et la différence 4.*

La somme 22 contient le plus grand des deux nombres augmenté du plus petit; la différence 4 est égale au plus grand nombre diminué du plus petit; par conséquent, la somme 22 et la différence 4 ajoutées ensemble formeront le double du plus grand nombre, qui sera alors 13. La différence 4, retranchée de la somme 22, donnera le double du plus petit nombre, qui sera par conséquent 9.

5. *Une montre marque midi, de sorte que l'aiguille des minutes est sur celle des heures. A quelle heure les aiguilles se rencontrent-elles pour la première fois, et combien de fois en 12 heures?*

L'aiguille des minutes ne rencontrera celle des heures qu'après avoir fait une fois le tour du cadran, plus la distance que l'aiguille des heures aura parcourue. Elle a donc 60 divisions du cadran de retard sur l'aiguille des heures; mais l'aiguille des minutes parcourt en 1 heure 60 divisions du cadran pendant que l'aiguille des heures n'en parcourt que 5; elle gagne donc sur celle-ci 55 divisions en 1 heure; il lui faudra, en conséquence, $\frac{60}{55}$ ou $\frac{12}{11}$ h. pour l'atteindre, c'est-à-dire 1 h. 5′ $\frac{5}{11}$; il sera donc 1 h. 5′ et $\frac{5}{11}$, et les deux aiguilles se rencontreront 11 fois en 12 heures.

6. *Il est 7 heures. Quelle heure sera-t-il quand les aiguilles se rencontreront pour la première fois?*

La distance des deux aiguilles est de 35 divisions; l'aiguille des minutes, gagnant 55 divisions en 1 heure, mettra $\frac{35}{55}$ heures pour atteindre l'aiguille des heures. Effectuant le calcul, on trouve, en réduisant en minutes, 38′ $\frac{2}{11}$: il sera en conséquence 7 heures 38′ $\frac{2}{11}$.

7. *Un père a 38 ans et son fils en a 6. Dans combien d'années l'âge du père sera-t-il double de celui du fils?*

Aujourd'hui la différence entre l'âge du père et le double de l'âge du fils est de 26 ans; l'année prochaine, cette différence sera 25 ans ; elle diminue donc d'une année par an, donc dans 26 ans l'âge du père sera double de l'âge du fils. En effet, le père aura 38 + 26 ou 64 ans, le fils aura 6 + 26 ou 32 ans qui est la moitié de 64 ans.

PROBLÈMES

DE RÉCAPITULATION GÉNÉRALE.

1. Quel est le nombre qui deviendrait 400750, si on y ajoutait 15879 ?

2. Un épicier a reçu 471 kilog. de chocolat pour 1600 fr., mais il n'a payé que 987 fr., 45 c. Combien doit-il encore ?

3. Combien coûte l'hectogramme de sucre, si 86 kilog. 260 gr. ont coûté 189 fr., 40 c.

4. La somme de deux nombres est 10089; leur différence 1870 : quels sont les deux nombres ?

5. Un fermier devait une certaine somme sur laquelle il a donné 8701 fr. en espèces, et un billet de 500 fr.: on lui a rendu 107 fr., 80 c. : faites connaître le montant de la dette de ce fermier ?

6. Quel est le nombre qui, étant augmenté de 58 et divisé par 7, donne 12,25 au quotient ?

7. Quel est le poids de 17008 fr. en argent monnayé ?

8. Quel est le poids du cuivre qui entre dans la fabrication de 1509 pièces de 5 fr. en argent ?

9. Quelle somme fera-t-on fabriquer avec un lingot d'argent pur qui pèse 21 kilog. 7 hectog. 27 grammes ?

10. Trouver le prix d'un terrain qui aurait 19 hectares 15 ares et 87 centiares, à 219 fr., 20 c. l'are ?

11. Quel est le prix d'un kilog. d'or monnayé, sachant que la pièce de 20 fr. en or pèse 6 gr., 45161 ?

12. 1704 fr., 20 c. étant le prix de 104 mètres de velours,

combien faudrait-il revendre le mètre pour gagner 4 fr., 20 c. sur 50 fr.?

13. Si 3 kilog. 80 décag. de farine font 5 kilog. 97 décag. de pain, quel sera le bénéfice d'un boulanger qui a acheté 209 sacs de farine pesant chaque 187 kilog. 6 hectog., à raison de 28 fr., 10 c. le sac, sachant qu'il vend le pain de 2 kilog. 0 fr., 72 c.?

14. Un ouvrier est payé à raison de 70 fr., 07 c. pour 180 mètres d'ouvrage; il fait 910 mètres, 005 de cet ouvrage; combien lui doit-on?

15. Combien faudra-t-il de temps pour recevoir 129 fr. de revenu avec un capital de 871 fr., 10 c., sachant qu'avec 750 fr., 05 c. placés au même taux, on reçoit en 2 ans 9 mois 17 jours, 113 fr., 20 c. d'intérêt?

16. Combien faudrait-il de pièces de 2 fr. pour le poids d'un litre d'eau pure?

17. Combien entre-t-il de cuivre et d'argent dans 15 pièces de 5 fr., 8 pièces de 2 fr. et 17 pièces de 0 fr., 50 c.?

18. Quelle est la somme des fractions $\frac{3}{5}$, $\frac{5}{8}$, $\frac{9}{12}$, $\frac{4}{15}$?

19. On a acheté 2 mètres $\frac{1}{2}$ de drap, ensuite 6 mètres $\frac{3}{8}$, à 26 fr., 10 c. le mètre; combien coûte le tout?

20. Un ouvrier qui était chargé d'un ouvrage, en fait le premier jour les $\frac{3}{18}$; que lui reste-t-il à faire?

21. Quel est le nombre dont les $\frac{3}{7}$ égalent 20 fr., 10 centimes?

22. Quel est le nombre dont la $\frac{1}{2}$, le $\frac{1}{4}$ et le $\frac{1}{6}$ valent 804 fr., 05.

23. Les $\frac{8}{11}$ d'un nombre valent 17 fr.; on demande quel est le nombre?

24. Prendre les $\frac{7}{8}$ des $\frac{5}{6}$ de 24 fr., 30?

25. Deux fontaines alimentent un bassin, la 1re le remplirait seule en 3 heures $\frac{5}{6}$; la 2e, en 5 heures $\frac{3}{4}$; toutes deux coulant ensemble, en combien de temps le bassin sera-t-il rempli?

26. Quel est le tiers $\frac{1}{2}$ de 100?

27. Par quel nombre faut-il multiplier $\frac{12}{15}$ pour que le produit soit 6 $\frac{2}{5}$?

28. On a reçu 15 fr. $\frac{3}{4}$ pour $\frac{5}{8}$ de jour de travail, combien gagne-t-on par jour ?

29. 12 pièces $\frac{3}{14}$ de ruban, ayant chacune 21 mètres $\frac{5}{14}$, ont coûté 507 fr. $\frac{4}{7}$; à combien revient le mètre ?

30. Un bassin qui contient 789 litres $\frac{5}{6}$, reçoit 4 litres $\frac{1}{7}$ d'eau par heure d'une source voisine ; mais il perd 2 litres $\frac{5}{9}$ par une ouverture ; on demande quand il sera plein ?

31. Une source a donné en 18 heures 25 minutes 43 mètres cubes d'eau, combien donnera-t-elle de litres en 15 heures 48 minutes ?

32. Un vaisseau n'a plus de vivres que pour 18 jours, il doit tenir la mer pendant 29 jours ; on demande de quelle quantité on réduira la ration de chaque homme ?

33. 617 hectolitres de vin ont été payés 15197 fr., 50 c.; combien coûteront 3 hectol. 8 décal. 16 litres ?

34. On a donné 21949 m., 50 de soie pour payer 16917 m., 37 de velours ; on demande le prix du mètre de velours, si celui de la soie est de 13 fr., 25.

35. 647 kilolit. de vin ont été vendus 476810 fr., 80 ; combien faudrait-il vendre l'hectolitre pour gagner 5272 fr., 70 ?

36. Un commis voyageur a payé 816 fr. pour des chevaux de poste, à raison de 2 fr., 20 pour la course d'un cheval par chaque poste de 37 hectom. 14 décamètres. Quelle est la longueur du chemin parcouru ?

37. Un marchand a acheté des plumes métalliques à 0 fr., 12 c. les 28 plumes, il les vend 1 fr.,85 c. la boîte de 12 douzaines. Combien a-t-il gagné sur 17910 plumes ?

38. Une planche de 3 mètres carrés 45 décimètres carrés a été payée 22 fr. Quel est le prix d'un mètre carré ?

39. Un parquet de 37 mètres carrés 65 décimètres carrés a été carrelé avec des carreaux de 3 décimètres carrés 5 centimètres carrés. Combien entre-t-il de carreaux ?

40. Une cour a 216 mètres carrés de surface ; combien paiera-t-on le pavage de cette cour avec des pavés de 3 décimètres carrés, à raison de 27 centimes le pavé ?

41. La surface d'un morceau de toile est de 46 décimètres carrés ; combien pourra-t-on y découper de morceaux de 25 centimètres carrés?

42. Quelle est la surface égale aux $\frac{3}{5}$ de 40 centimètres carrés? quels sont les $\frac{7}{8}$ de 63 mètres carrés ?

43. Exprimer en mètres carrés les $\frac{3}{5}$ de 11 hectares 52 ares?

44. Un propriétaire a un terrain de 7 hectares 25 ares 65 centiares qui a coûté 17907 fr., il voudrait gagner 1500 fr. en le revendant. A quel prix doit-il vendre l'are ?

45. Une ferme de 89 hectares qui avait coûté 270940 fr. est revendue en 2 lots, l'un de 47 hectares 39 ares, à raison de 3756 fr. l'hectare, et l'autre au prix de 2749 fr. l'hectare. A-t-on perdu ou gagné à la vente et combien ?

46. Le mètre cube de marbre coûte 250 fr., 20 c., combien coûteront 16 mètres cubes 719 décim. cubes.

47. Pour la construction d'un mur on a employé 45 mètres cubes 485 décimètres cubes de pierres, à 18 fr., 05 c. le mètre cube. A combien revient l'achat de la pierre ?

48. Un ouvrier terrassier est payé à raison de 5 fr., 40 c. par mètre cube de terrasse, combien lui doit-on pour 819 décimètres cubes?

49. Combien peut durer une provision de bois de 48 stères 3 décistères, qui alimente 7 cheminées, sachant que chaque cheminée consomme 0 stère, 076 par jour; et à combien revient la dépense par jour de chaque cheminée, si le stère coûte 17 fr., 25 cent. ?

50. Combien faut-il de bouteilles de 70 centilitres de capacité pour contenir 2 hectol. 37 décal. 20 litres de vin?

51. Le prix du pain est de 37 centimes le kilog.; combien de kilog. de pain consomme une pension qui paie par jour au boulanger 117 fr., 60 c.?

52. Combien faut-il de pièces de 5 fr. pour égaler le poids de 15 kilog.?

53. Quelle est la quantité d'eau distillée qui pèse autant que 735 fr., 80 c. en argent monnayé?

54. Combien faut-il ajouter bout à bout de pièces de 5 fr. pour faire la longueur du mètre?

55. Une pièce de 2 fr. usée par le frottement ne pèse plus que 8 gr., 58 centigr. Quelle est sa valeur réelle?

56. Quelle quantité de cuivre faut-il allier à 9 kilog. 2

hectog. 70 grammes d'argent pur pour faire de la monnaie française, et pour quelle somme en aurait-on sans compter les frais de fabrication?

57. Un ouvrier reçoit 4 fr., 75 c. chaque jour qu'il travaille, et dépense 3 fr. 10 c. par jour. Au bout de 2 mois 19 jours, il lui manque 7 fr., 50 c. pour faire la dépense de 6 jours. Combien a-t-il travaillé de jours?

58. Combien pourra-t-on remplir de fois un litre avec 7 mètres cubes 450 décimètres d'eau?

59. Combien perd une pièce de 20 fr. en or du poids de 6 gr., 274 milligr.?

60. La monnaie de bronze valant, à poids égal, vingt fois moins que celle d'argent, on demande le poids de 214 fr. en monnaie de bronze?

61. Un kilog. d'argent monnayé au titre des monnaies françaises est payé 198 fr.; on demande quelle somme on recevrait pour 18 kilog. 843 gram. de cet argent.

62. Convertir en mois, jours, heures et minutes 749489747 secondes.

63. Sur 36 k. d'un liquide il y a 5 k. de sel; combien faudra-t-il ajouter d'eau pure pour que, sur 10 kilog. de mélange, il n'y ait plus que $\frac{1}{4}$ de kilog. de sel?

64. Une maison de commerce a acheté 5 pièces de drap pour 2149 fr., 50 à raison de 12 fr., 25 le mètre; la première pièce contient 18 m., 50, la seconde 14 m., la troisième 15 m., 40, et la quatrième 30 m. Quelle est la longueur de la cinquième?

65. Avec du vin à 55 centimes et à 46 centimes, comment faire un mélange de 90 litres qui revienne à 50 centimes le litre?

66. Avec du vin à 70, 60, 50 et 40 centimes le litre, comment faire un mélange de 2000 litres de vin à 55 centimes le litre?

67. Un marchand a acheté du drap pour une somme de 15000 fr., à 8 mois de crédit; au bout de 5 mois il paie 9000 fr.; à quel terme peut-il remettre le dernier paiement?

68. On a vendu 275 pièces de toile 191714 fr., 10, à raison de 7 fr., 75 le mètre; combien chaque pièce avait-elle de mètres?

69. 33 ouvriers, après 25 jours de travail, ont reçu une

certaine somme pour le paiement de toutes leurs journées; s'ils avaient reçu 107 fr., 25 c. de plus, ils auraient gagné chacun 2 fr., 30 c. par jour. Combien chaque ouvrier a-t-il réellement gagné par jour?

70. Pour 11207 fr., 55 c. un marchand a acheté 15 pièces de drap, plus un coupon de 21 m., 50, le tout à raison de 16 fr., 60 c. le mètre; combien contient de mètres chaque pièce d'étoffe?

71. Quel est le nombre tel que si des $\frac{3}{4}$ on retranche les $\frac{5}{7}$, le reste soit 5?

72. Quelle est la somme qui, placée à 4 % pendant 26 mois, est devenue, intérêts simples et capital réunis, 321 fr.?

73. Pendant combien de temps faut-il placer 527 fr. à 3 1/4 % pour avoir, intérêts simples et capital réunis, 1124 fr.?

74. Lorsqu'on achète des rentes 4 1/2 % au cours de 94 fr., 60 c., quel est le taux de l'argent?

75. En $\frac{3}{4}$ de jour une machine dépense 9 hectolitres $\frac{4}{5}$ de charbon, à 8 fr., 50 c. l'hectolitre; la dépense s'élève à 2000 fr. On demande combien de temps la machine a fonctionné?

76. Cherchez l'intérêt composé de 3255 fr., à 6 %, pendant 2 ans 2 mois.

77. On avait 3 m. $\frac{1}{2}$ d'étoffe, on en a vendu 2 m. $\frac{3}{4}$, on vend le reste 20 fr.; combien coûte toute l'étoffe?

78. Le 3 % vaut 75 fr., 50 c., quel capital faudra-t-il pour 8000 fr. de rente?

79. Deux voitures partent, l'une de Paris, l'autre de Lyon; la première fait 9 kilom. $\frac{1}{4}$ en 1 heure, la seconde fait 10 kilom.; elles sont séparées par 500 kilom. En combien de temps se rejoindront-elles?

80. Un ouvrier peut faire 8 m. d'étoffe en 5 heures, un autre en fait 7 mètres en 4 heures; combien leur faudra-t-il de temps, s'ils travaillent ensemble, pour faire 100 m.?

81. Un voyageur a 250 kilom. à faire en 3 jours; le premier jour il en fait les $\frac{6}{11}$, le second les $\frac{3}{8}$, et le troisième le reste. On demande ce qu'il a marché chaque jour?

82. En 3 heures $\frac{4}{5}$ on a fait les $\frac{2}{3}$ d'un ouvrage, combien faut-il de temps pour faire tout l'ouvrage?

83. En 3 heures $\frac{3}{5}$ on a parcouru 17 kilomètres $\frac{2}{9}$, combien de temps faudra-t-il pour parcourir 1 kilomètre?

84. Deux courriers partent ensemble, l'un de Paris, l'autre de Lyon; l'un fait 8 kilom. à l'heure, l'autre 17 kilom. Combien auront-ils parcouru de kilomètres quand ils se rencontreront, sachant qu'il y a 500 kilomètres de Paris à Lyon?

85. On demande le poids d'une somme de 3749 fr., 50 c. en argent monnayé, et combien il a fallu employer de cuivre et d'argent pur pour fabriquer cette somme?

86. Un marchand a acheté une pièce d'étoffe de 130 mètres, il en a vendu 13 m. $\frac{1}{2}$ + 33 m. $\frac{4}{6}$ + 53 m. $\frac{1}{5}$. On demande combien il lui reste et combien la pièce coûte à raison de 12 fr., 60 c. le mètre?

87. Une fontaine peut remplir un bassin en 6 heures, une autre peut le remplir en 8 heures, et par une ouverture ce bassin se viderait en 16 heures : toutes ces causes agissant ensemble, en combien de temps le bassin sera-t-il rempli?

MÉTHODE ABRÉGÉE

POUR TROUVER, DANS CERTAINS CAS PARTICULIERS,

L'INTÉRÊT D'UN CAPITAL PRÊTÉ

POUR UN NOMBRE QUELCONQUE DE JOURS L'ANNÉE ÉTANT COMPTÉE POUR 12 MOIS, ET CHAQUE MOIS POUR 30 JOURS

1° *Si l'intérêt est à* 6 *p.* 100 *par an, multipliez le capital par le nombre de jours pendant lesquels l'emprunteur l'aura gardé, ou, s'il s'agit d'un effet de commerce, multipliez la somme y énoncée par le temps qu'il y a à courir du jour de la négociation de cet effet au jour de l'échéance; séparez par une virgule, sur la gauche du produit, trois chiffres indépendamment des décimales s'il y en a; ensuite prenez le* 6e, *vous aurez l'intérêt cherché.*

EXEMPLE. *Quel est l'intérêt de* 670 *fr.* 50 *c. pour* 52 *jours à* 6 *p.* 100 *par an?*

```
        670,50
         52
       --------
        134100
       335250
       --------
       34866,00
       34,86600
6e      5,81100
```

Je multiplie 670 fr. 50 c. par 52, le produit est 34866,00. Je porte la virgule à trois rangs vers la gauche, j'ai 34,86600. Prenant le 6e de ce dernier nombre, je trouve pour l'intérêt cherché 5 fr. 81100 ou 5 fr. 81 c.

2° *Si l'intérêt est à* 5 *p.* 100 *par an, calculez l'intérêt à* 6 *p.* 100, *d'après la règle précédente; ensuite prenez le* 6e *de cet intérêt. Ce* 6e *représentera l'intérêt à* 1 *p.* 100; *en ôtant l'intérêt à* 1 *p.* 100 *de l'intérêt à* 6 *p.* 100, *vous aurez l'intérêt à* 5 *p.* 100.

EXEMPLE. *Trouver l'intérêt de* 4520 *fr.*, 30 *c. pour* 1 *mois* 14 *jours, à* 5 *p.* 100 *par an.*

	4520,30
	44
	1808120
	1808120
	198893,20
	198,893 20
Intérêt à 6 p. 100...	33,148 86
Intérêt à 1 p. 100...	5,524 81
Intérêt à 5 p. 100...	27,624 05

Je multiplie le capital 4520 fr. 30 c. par 44, le produit est 198893,20. Je porte la virgule à 3 rangs vers la gauche, j'ai 198,89320. Prenant le 6e de ce dernier nombre, j'obtiens 33,14886. C'est là l'intérêt à 6 p. 100. Le 6e de cet intérêt sera l'intérêt à 1 p. 100. J'ai 5f,52481, lequel ôté de 33f,14886, donne pour reste 27f,62405 ou 27f,62 ; c'est l'intérêt demandé.

3° *Si l'intérêt est à 7 p. 100 par an, cherchez l'intérêt à 6 p. 100, prenez-en le 6e qui sera l'intérêt à 1 p. 100, ajoutez l'intérêt à 1 p. 100 à l'intérêt à 6 p. 100, et vous aurez l'intérêt à 7 p. 100 par an.*

Exemple. *Quel est l'intérêt de* 6845 *fr.* 35 *c. pour* 13 *jours à 7 p. 100 par an?*

	6845.35
	13
	20 536 05
	68 453 5
	88 989,55
	88,989 55
Intérêt à 6 p. 100...	14,831 59
Intérêt à 1 p. 100...	2,471 93
Intérêt à 7 p. 100...	17,303 52

Je multiplie le capital 6845f,35 par 13, le produit est 88989,55. Je porte la virgule à 3 rangs vers la gauche, j'obtiens 88,98955. Prenant le 6e de ce dernier nombre, je trouve 14f,83159, c'est l'intérêt à 6 p. 100. Le 6e de cet intérêt représente l'intérêt à 1 p. 100. J'ai 2,47193, lequel, ajouté à 14f,83159, donne 17f,30352 ou 17f,30 pour l'intérêt cherché.

4° *Si l'intérêt est à 4 p. 100 par an, calculez de même l'intérêt à 6 p. 100, prenez-en le tiers qui sera l'intérêt à 2 p. 100, retranchez-le ; le reste sera l'intérêt à 4 p. 100 par an.*

Exemple. *Quel est l'intérêt de* 3518 *fr.* 25 *c. pour* 2 *mois* 19 *jours à 4 p. 100 par an?*

3 518,25
79
31 664 25
246 277 5
277 941,75

Je multiplie 3518f,25 par 79, le produit est 277941,75. Je porte la virgule à 3 rangs vers la gauche, j'ai 277,94175.

	277,941 75
Intérêt à 6 p. 100...	46,323 62
Intérêt à 2 p. 100...	15,441 20
Intérêt à 4 p. 100...	30,882 42

Prenant le 6e de ce dernier nombre, j'obtiens 46f,32362; c'est là l'intérêt à 6 p. 100. Le tiers de cet intérêt sera l'intérêt à 2 p. 100. Je trouve 15f,44120, lequel, ôté de 46f 32362, donne pour reste 30f,88242 ou 30f,88 pour l'intérêt à 4 p. 100par an.

5° *Si l'intérêt est à* 8 *p.* 100 *par an, calculez toujours l'intérêt à* 6 *p.* 100 *par an, prenez-en le tiers pour avoir l'intérêt à* 2 *p.* 100, *ajoutez l'intérêt à* 2 *p.* 100 *à l'intérêt à* 6 *p.* 100, *la somme sera l'intérêt à* 8 *p.* 100 *par an.*

EXEMPLE. *Trouver l'intérêt de* 4687 *fr. pour* 7 *mois* 11 *jours à* 8 *p.* 100 *par an.*

	4687
	221
	4687
	9374
	9374
	1035827
	1035,827
Intérêt à 6 p. 100....	172,637
Intérêt à 2 p. 100....	57,545
Intérêt à 8 p. 100....	230,182

Je multiplie 4687 fr. par 221, le produit est 1035 827. Je porte la virgule à 3 rangs vers la gauche, j'ai 1035,827. Prenant le 6e de ce dernier nombre, je trouve 172f,637, c'est l'intérêt à 6 p. 100. Le tiers de cette somme sera l'intérêt à 2 p. 100; j'obtiens 57f,545, lequel, ajouté à 172f,637, donne pour total 230f,182 ou 230f,18 pour l'intérêt à 8 p. 100 par an.

6° *Si l'intérêt est à* 5 1/2 *p.* 100 *par an, calculez de même l'intérêt à* 6 *p.* 100 *par an, prenez ensuite le* 12e *de cet intérêt à* 6 *p.* 100 *qui sera l'intérêt à* 1/2 *p.* 100, *retranchez ce* 12e *de l'intérêt à* 6 *p.* 100, *vous aurez l'intérêt à* 5 1/2 *p.* 100 *par an.*

EXEMPLE. *On demande l'intérêt de* 6547 *fr.* 10 *c. pour* 17 *jours à* 5 1/2 *p.* 100 *p. an.*

6547,10
17
4582970
654710
111 300,70
111,300,70

Je multiplie 6547 f., 10 par 17, le produit est 111300 70 Je porte la virgule à 3 rangs vers la gauche, j'ai 111,30070. Prenant le 6e de ce dernier

Intérêt à 6 p. 100...	18,550 11	nombre, je trouve 18 f., 55011. C'est là l'intérêt à
Intérêt à 1/2 p. 100.	1,545 84	6 p. 100. Le 12e de cet intérêt sera l'intérêt à 1/2
Intérêt à 5 1/2 p. 100	17,004 27	

p. 100. J'obtiens 1 f, 54584, lequel ôté de 18 f, 55011, donne pour reste 17 f, 00427 ou 17 fr. pour l'intérêt à 5 1/2 p. 100 par an.

7° *Si l'intérêt est à* 6 1/2 *p.* 100 *par an, prenez le* 12e *de l'intérêt à* 6 *p.* 100; *ce* 12e *sera l'intérêt à* 1/2 *p.* 100; *ajoutez-le à l'intérêt à* 6 *p.* 100, *et vous aurez l'intérêt à* 6 1/2 *p.* 100 *par an.*

EXEMPLE. *On veut trouver l'intérêt de* 3972 *fr.* 55 *c. placés à* 6 1/2 *p.* 100 *par an pendant* 5 *mois* 18 *jours.*

	3972,55
	168
	3178040
	2383530
	397255
	667388,40
	667,38840
Intérêt à 6 p. 100....	111,2314
Intérêt à 1/2 p. 100..	9,2692
Intérêt à 6 1/2 p. 100.	120,5006

Je multiplie 3972 f. 55 c. par 168, le produit est 667388,40. Je porte la virgule à 3 rangs vers la gauche, j'ai 667,38840. Prenant le 6e de ce nombre, je trouve 111 f, 2314. C'est l'intérêt à 6 p. 100. Le 12e de cet intérêt sera l'intérêt à 1/2 p. 100. J'obtiens 9 f., 2692, lequel, ajouté 111 f, 2314, donne pour total 120 f. 5006 ou 120 fr., 50 c. pour l'intérêt à 6 1/2 p. 100 par an.

8° *Si l'intérêt est à* 4 1/2 *p.* 100 *par an, cherchez l'intérêt à* 6 *p.* 100 *par an, prenez-en le quart, ce sera l'intérêt à* 1 1/2 *p.* 100; *retranchez ce quart de l'intérêt à* 6 *p.* 100, *vous aurez l'intérêt à* 4 1/2 *p.* 100.

EXEMPLE. *Quel est l'intérêt de* 2548 *fr.* 75 *c. pour* 29 *jours à* 4 1/2 *p.* 100 *par an?*

2548,75
29
2293875
509750
73913,75
73,91375

Je multiplie 2548 fr., 75 c. par 29, le produit est 73913,75. Je porte la virgule à 3 rangs vers la gauche, j'obtiens 73,91375. Prenant le 6e de ce dernier nombre, je trouve 12,3189 fr.

Intérêt à 6 p. 100....	12,31895	C'est l'intérêt à 6 p. 100 par an. Le quart de cette
Intérêt à 1 1/2 p. 100..	3,07974	somme sera l'intérêt à 1 1/2
Intérêt à 4 1/2 p. 100.	9,23921	p. 100; j'obtiens 3 f, 07974

lequel, ôté de 12f, 31895, donne pour reste 9f, 23921 ou 9 f,24c. pour l'intérêt cherché.

9° *Si l'intérêt est à* 7 1/2 *p.* 100 *par an, prenez le quart de l'intérêt à* 6 *p.*100, *ce sera l'intérêt à* 1 1/2 *p.*100; *ajoutez ce quart à l'intérêt à* 6 *p.* 100 *et vous aurez l'intérêt à* 7 1/2 *p.* 100.

Exemple. *Un négociant a emprunté* 845 *fr.* 50 *c. pour* 1 *mois* 14 *jours à* 7 1/2 *p.* 100 *par an. Combien doit-il d'intérêt?*

	845,50	Je multiplie 845 f, 50 c.
	44	par 44, le produit est
	3382 00	37202,00. Je porte la vir-
	3382 0	gule à 3 rangs vers la
	37202,00	gauche, j'ai 37,20200. Pre-
	37,20200	nant le 6ᵉ de ce dernier nombre, j'obtiens 6,20033
Intérêt à 6 p. 100....	6,20033	C'est là l'intérêt à 6 p.
Intérêt à 1 1/2 p. 100.	1,55008	100 par an. Le quart de cette somme sera l'intérêt
Intérêt à 7 1/2 p. 100.	7,75041	à 1 1/2 p. 100; je trouve

1,55008, lequel, ajouté à 6 f,20033, donne pour total 7f,75041 ou 7 fr. 75 pour l'intérêt demandé.

10° *Si l'intérêt est à* 3 *p.* 100 *par an, prenez la moitié de l'intérêt à* 6 *p.* 100; *ce sera l'intérêt à* 3 *p.* 100 *par an.*

Exemple. *On veut trouver l'intérêt de* 9426 *fr.* 80 *c. placés à* 3 *p.* 100 *par an pendant* 1 *mois* 24 *jours.*

	9426,80	Je multiplie 9426 f,80 c.
	54	par 54, le produit est
	3770720	509047,20. Je porte la
	4713400	virgule à trois rangs vers la gauche, j'ai 509,04720.
	509047,20	Prenant le 6ᵉ de ce der-
	509,04720	nier nombre, je trouve
ntérêt à 6 p. 100...	84,84120	84 f, 84120, c'est l'intérêt
Intérêt à 3 p. 100...	42,42060	à 6 p. 100 par an. La moi-
		tié de cette somme sera

l'intérêt à 3 p. 100 par an. J'obtiens 42 f, 42060 ou 42 f, 42 pour l'intérêt cherché.

11° *Si l'intérêt est à 9 p. 100 par an, prenez la moitié de l'intérêt à 6 p. 100; ce sera l'intérêt à 3 p. 100; ajoutez cette moitié à l'intérêt à 6 p. 100 et vous aurez l'intérêt à 9 p. 100 par an.*

EXEMPLE. *Quel est l'intérêt de 5375 fr. 40 c. pour 2 mois 21 jours à 9 p. 100 par an?*

	5375,40
	81
	537540
	4300320
	435407,40
	435,40740
Intérêt à 6 p. 100...	72,56790
Intérêt à 3 p. 100...	36,28395
Intérêt à 9 p. 100...	108,85185

Je multiplie 5375 fr. 40 cent. par 81, le produit est 435407,40. Je porte la virgule à 3 rangs vers la gauche, je trouve 435,40740. Prenant le 6e de ce dernier nombre, j'obtiens 72 f,56790; c'est là l'intérêt à 6 p. 100 par an. La moitié de cette somme sera l'intérêt à 3 p. 100 par an. J'ai 36 f 28395, lequel, ajouté à 72 f,56790, donne pour total 108 f, 85185 ou 108 f, 85 pour l'intérêt à 9 p. 100 par an.

On voit assez ce qu'il faudrait faire si les taux étaient différents de ceux dont il vient d'être question.

Cette manière de calculer les intérêts simplifie toujours le travail; mais elle le simplifie surtout lorsqu'il faut trouver les intérêts de capitaux divers comme dans les cas suivants;

EXEMPLE. *Un négociant a emprunté à 5 p. 100 par an 545 fr. pour 28 jours; 615 fr. 50 pour 25 jours; 319 fr. 86 pour 59 jours. Combien doit-il d'intérêt?*

545	615,50	319,85
28	25	59
4360	307750	287865
1090	123100	159925
15260	15387,50	18871,15

1er produit..	15260,00
2e —	15387,50
3e —	18871,15
	49518,65

Je multiplie chaque capital par le temps correspondant; j'ajoute les produits, le total est 49518,65. Je porte la virgule à trois rangs vers la gauche, j'ai 49,51865. Prenant le 6e de ce dernier nombre, j'obtiens 8 f,25311 ; c'est l'intérêt à 6 p. 100. Le 6e de cet intérêt sera l'intérêt à

	49,51865
Intérêt à 6 p. 100.	8,25311
Intérêt à 1 p. 100.	1,37551
Intérêt à 5 p. 100.	6,87760

1 p. 100; je trouve 1 f, 37551, lequel, ôté de 8 f, 25311, donne pour reste 6 f, 87760 ou 6 f, 88 pour l'intérêt demandé.

DE L'ÉCHÉANCE COMMUNE.

L'échéance d'une dette est l'époque à laquelle cette dette est payable.

Lorsqu'on doit plusieurs sommes payables à des époques différentes, on peut ramener à une seule et même époque de paiement la totalité de ces diverses sommes, mais on voit alors que l'échéance doit être une moyenne entre le paiement le plus éloigné et le paiement le plus rapproché. Cette échéance ainsi déterminée se nomme ÉCHÉANCE COMMUNE.

RÈGLE GÉNÉRALE DE L'ÉCHÉANCE COMMUNE. *Pour trouver l'échéance commune de deux ou plusieurs billets payables à diverses époques, on multiplie le montant de chaque billet par le nombre de jours à courir jusqu'à son échéance, ce qui donne autant de produits qu'il y a de billets; ensuite on additionne tous les produits et on divise leur somme par le montant total des billets,* LE QUOTIENT *est le nombre de jours à courir jusqu'à l'échéance commune cherchée.*

EXEMPLE. Un négociant à cinq billets, savoir :

Le 1er	de 3800 fr.	payable dans	65	jours
2e	2400	—	98	—
3e	5200	—	130	—
4e	4100	—	80	—
5e	1213	—	52	—
Total	16713			

Il désirerait échanger ces cinq billets contre un seul d'une valeur égale, c'est-à dire de 16713 fr. ; dans combien de jours ce billet sera-t-il payable ?

Disposition du calcul :

1er billet	3800 fr.	×	65 jours	=	247000
2e —	2400	×	98 —	=	235200
3e —	5200	×	130 —	=	676000
4e —	4100	×	80 —	=	328000
5e —	1213	×	52 —	=	63076
Total des bil.	16713		Produits		1549276

```
1549276 | 16713
  45106 |---------
  11680 | 92 jours.
```

Je divise 1549276 par 16713, je trouve au quotient 92, qui est le nombre de jours à courir jusqu'à l'échéance du billet de 16713 fr.

SYSTÈME MÉTRIQUE

PRINCIPES ET CONVENTIONS GÉNÉRALES (1).

1. Le *Système métrique* est la réunion des mesures, poids et monnaies que la loi a mis et maintient en usage dans toute la France depuis 1795 (an III de la République). Voilà pourquoi on le nomme aussi *Système des mesures légales.*

2. *Mesurer une grandeur ou quantité* c'est *la comparer à une autre grandeur de même espèce qu'on est convenu de prendre comme terme de comparaison.*

3. On nomme *unité principale de mesure* cette grandeur à laquelle on rapporte les autres.

4. Les espèces de grandeurs que l'on peut avoir à mesurer sont très-variées; mais la loi n'a fixé que les *mesures de longueur*, les *mesures de surface*, les *mesures de volume*, les *mesures de poids* et les *monnaies* qui jouent le rôle de mesures de valeur.

5. La *longueur* est *l'étendue d'une ligne droite ou sinueuse allant d'un point à un autre.*

6. La *surface* est *l'étendue en longueur et en largeur que présente la face extérieure d'un corps.*

7. Le *volume* ou *solidité* est la portion de l'espace occupé par un corps. On nomme *volume intérieur* ou *capacité* le volume ou la portion d'espace enfermée dans l'intérieur d'un corps creux, comme un vase, une pièce d'appartement, etc.

8. Le *poids* est *la pression que les corps supportés exercent sur ceux qui les supportent.*

(1) L'étude du système métrique sera faite parallèlement à celle de l'arithmétique à partir du moment où les élèves connaîtront la numération.

9. Les *monnaies* sont *les morceaux ou pièces de métal légalement fabriqués pour être données en paiement*, lorsqu'on veut acquérir un objet ou rémunérer un travail.

10. Le système métrique a été conçu de façon que l'*unité principale de longueur*, appelée *mètre* (ou mesure par excellence, du grec *métron*, mesure), étant une fois choisie et bien fixée, les unités principales de surface, de volume, de poids et l'unité des monnaies en fussent tirées d'une façon simple et invariable. Voilà pourquoi on appelle le système des mesures légales *système métrique*.

11. La longueur choisie pour servir d'unité principale de longueur, ou *mètre*, est une certaine fraction convenue de la distance directe d'un point de l'équateur terrestre à l'un des pôles de la terre ; cette distance est le quart de la longueur du méridien passant par ce point de l'équateur. Le mètre est $\frac{1}{10.000.000}$ de cette distance.

12. Pour mesurer des quantités beaucoup plus grandes que l'unité principale, on a besoin de former avec celle-ci des unités d'ordre supérieur que l'on nomme *multiples de l'unité principale de mesure*. Dans le système métrique, on a formé les *multiples* de l'unité principale de la même manière que, dans la numération, nous avons vu que les dizaines avaient été faites avec les unités simples, les centaines avec les dizaines.

13. Une longueur de 10 mètres a donc été considérée comme une nouvelle unité de mesure, une dizaine de mètres, que l'on a nommée *décamètre* (du grec *déca*, dix).

14. Une longueur de 10 décamètres a été considégée comme une centaine de mètres, car 10 fois 10 mèrres font 100 mètres, et on l'a nommée *hectomètre* (du trec *hécaton*, cent ; par abréviation : *hecto*).

15. Une longueur de 10 hectomètres, ou 1000 mètres, est une nouvelle unité supérieure, le mille de mètres ; on la nomme *kilomètre* (du grec *kilioi*, mille).

16. Une longueur de 10 kilomètres, ou 10000 mètres, est la dizaine de mille de mètres; on la nomme *myriamètre* (du grec *myrioi*, dix mille).

17. Pour mesurer les grandeurs ou portions de grandeur plus petites que l'unité principale, il faut former, en subdivisant celle-ci, des fractions déterminées ou *sous-multiples de l'unité principale*. Dans le système métrique, on a formé les *sous-multiples* de l'unité principale de la même manière que, dans la numération, on a vu qu'étaient formées, avec l'unité simple, les fractions décimales : dixièmes, centièmes, millièmes, etc.

18. Si l'on subdivise le mètre en dix longueurs égales, chacune de ces longueurs est un dixième de mètre; on l'a nommée *décimètre* (du latin *déci*, dix).

19. La subdivision du décimètre en dix longueurs égales donne le centième de mètre; on l'a nommé *centimètre* (du latin *centum*, cent.)

20. La subdivision du centimètre en dix longueurs égales donne le millième du mètre; on l'a nommé *millimètre* (du latin *mille*, mille).

21. Les multiples et les sous-multiples des autres unités principales de mesure sont formés de même, suivant la méthode de la numération décimale. Voilà pourquoi le système des mesures légales ou système métrique est aussi appelé *système décimal* de mesures.

22. Le système métrique étant *décimal*, comme le système de numération lui-même, l'écriture des nombres qui représentent les mesures est absolument conforme à celle de tous les autres nombres; les mêmes procédés de calcul s'y appliquent sans difficulté; enfin on change aussi facilement l'espèce d'unité de mesure qu'on le ferait dans un nombre abstrait. Soit le nombre 10892 unités simples; exprimons-le en centaines, nous aurons 108 centaines et 92 centièmes de centaines ou unités simples. De même, étant donné le nombre 164 mètres 374, on trouve sans peine que la même longueur exprimée en hectomètres est 1 hectomètre 64374; en décimètres, c'est 1643 décimètres 74.

23. Les multiples et les sous-multiples des autres unités principales de mesure ont été dénommés de la même manière que ceux du mètre : chaque nom se compose du nom de l'unité principale précédé, pour les multiples, des dérivés des noms de nombre grecs, *déca, hecto* (pour *hécato*), *kilo*, *myria;* pour les sous-multiples des dérivés des noms de nombre latins, *déci*, *centi*, *milli*.

24. Les mesures qui constituent le système métrique ne sont pas toutes réalisées matériellement; souvent, cela aurait été impossible ou inutile. On peut bien faire une règle en bois de un mètre de longueur, mais on ne pourrait faire une règle en bois de un kilomètre. D'ailleurs, si on la faisait, qui pourrait s'en servir? Cela n'est plus en rapport avec la taille et les forces de l'homme.

Parmi les mesures légales on distingue donc les *mesures nominales*, qui ne sont que des noms employés dans l'énonciation de la mesure des grandeurs, et les *mesures effectives*, c'est-à-dire celles qui existent matériellement et se trouvent entre les mains des personnes qui achètent et vendent, ou qui travaillent le bois, la pierre, les métaux, etc.

Les mesures effectives sont fixées par les règlements destinés à assurer l'exécution de la loi. Elles sont fabriquées, vendues et maintenues en usage chez les commerçants, sous la surveillance d'un service spécial de contrôle et de vérification qui fonctionne par toute la France et y conserve l'uniformité des mesures.

25. Pour les usages du commerce et de l'industrie, il a fallu créer, parmi les mesures effectives, des fractions d'unité plus grandes que le dixième. Pour rester fidèle au système décimal, on n'a admis que la subdivision des unités décimales en moitiés (ou quintuples du dixième) et en cinquièmes (ou doubles du dixième). Le nombre 10 n'est, en effet, divisible que par 2 et par 5. C'est ainsi que le double décimètre est devenu une mesure très-usitée ; c'est le cinquième du mètre, et il vaut exactement 20 centimètres. Le quart du mètre,

au contraire, n'est plus dans le système décimal, 10 n'étant pas divisible par 4; aussi 1/4 de mètre serait de 2 décimètres 1/2; ce n'est plus un nombre entier de décimètres. C'est pour cette raison que parmi les monnaies on a successivement supprimé la pièce en argent de 25 centimes ou quart de franc, et la pièce en or de 40 francs.

26. En résumé, le système des mesures légales de la France est *invariable* parce qu'il a pour base l'unité de longueur déduite de la mesure des dimensions d'un méridien de la terre. Il est *uniforme* parce que la loi en fixe et en maintient l'usage sur tous les points du territoire français. Ce sont les qualités essentielles d'un système de poids et mesures. Il a en outre l'avantage d'être *décimal*, ce qui simplifie notablement les opérations du calcul. Telles n'étaient pas les anciennes mesures usitées en France jusqu'en 1795. Elles variaient d'une localité à une autre; elles n'avaient aucune base fixe, et les unités principales ne dérivaient pas toutes de l'unité principale de longueur. Elles n'étaient pas décimales, et les multiples ou sous-multiples n'étaient pas tous formés d'une seule et même manière. Plusieurs rois de France, préoccupés des vices de cet état de choses (Philippe le Bel, Philippe le Long, Louis XI, François Ier, Henri II), firent d'infructueuses tentatives pour le réformer. Enfin les travaux scientifiques du XVIIe et du XVIIIe siècle permirent de mesurer les dimensions de la terre elle-même, et d'y trouver la base de l'unité de longueur.

L'Assemblée nationale constituante, par un décret du 26 mars 1791, décida la création du nouveau système de mesures, et en confia l'exécution à l'Académie des sciences. La Convention nationale, par une loi du 18 germinal an III (7 avril 1795), fixa et mit en vigueur le système métrique.

QUESTIONNAIRE.

Qu'entend-on par système métrique? 1. — Qu'appelle-t-on mesurer une grandeur? 2. — Que nomme-t-on unité principale de mesure? 3. — Quelles espèces de mesures comprend le système métrique ? 4. — Qu'est-ce que la longueur ? 5.— Qu'est-ce que la surface ? 6.— Qu'est-ce que le volume, la capacité ? 7. — Qu'est-ce que le poids ? 8.— Qu'entend-on par monnaies ? 9.— Pourquoi nomme-t-on le système des mesures légales, système métrique ? 10. — Qu'est-ce que le mètre ? 11. — Que nomme-t-on multiples de l'unité principale de mesure ? 12.— Qu'est-ce que le décamètre ? 13. — L'hectomètre ? 14. — Le kilomètre ? 15. — Le myriamètre ? 16. — Que nomme-t-on sous-multiples de l'unité principale ? 17. — Qu'est-ce que le décimètre ? 18. — Le centimètre ? 19. — Le millimètre ? 20. — Comment sont formés les multiples et sous-multiples de l'unité principale et pourquoi nomme-t-on le système métrique un système décimal de mesures ? 21. — Quels avantages y a-t-il à ce que le système métrique soit décimal ? 22. — Comment forme-t-on les noms des multiples et des sous-multiples ? 23. — Qu'appelle-t-on mesures nominales, mesures effectives ? 24. — Quelles sont les fractions d'unité, autres que les dixièmes, centièmes, etc., que peut admettre le système décimal ? 25. — A quels inconvénients voulut-on remédier par l'adoption du système métrique ? — A quelle date remonte cette adoption ? 26.

DES MESURES DE LONGUEUR.

1. L'unité principale de longueur est le MÈTRE ; c'est la *dix-millionième* partie du quart du méridien terrestre, c'est-à-dire de la distance comprise entre le pôle et l'équateur.

Il en résulte que la longueur totale du méridien est de 40.000.000 de mètres ou de 4.000 myriamètres.

2. Les multiples du mètre sont le *décamètre* qui vaut 10 mètres ; l'*hectomètre* qui vaut 100 mètres ; le *kilomètre* qui vaut 1000 mètres, le *myriamètre* qui vaut 10000 mètres.

3. Les sous-multiples du mètre sont le *décimètre ;* le *centimètre ;* le *millimètre.* Un mètre vaut 10 décimètres, le décimètre vaut 10 centimètres, le centimètre 10 millimètres, etc.

4. La ligne droite AB représente la longueur d'un *décimètre*, c'est-à-dire la dixième partie du mètre.

A

C

La ligne A C, celle d'un *centimètre,* c'est-à-dire la centième partie du mètre.

5. Le mètre, le décimètre, le centimètre et le millimètre servent à mesurer de petites longueurs; le décamètre sert à mesurer les dimensions des terrains; l'hectomètre est peu usité; le kilomètre et le myriamètre servent à évaluer les longueurs des chemins, autrement dit, sont les mesures itinéraires actuellement en usage.

6. Les mesures effectives de longueur sont : le *mètre,* règle rigide ou pliante en bois, en baleine, en ivoire, en métal, etc. ; conforme à un type en platine nommé *mètre-étalon;* le *double-mètre;* le *décamètre,* chaîne ou ruban métallique connu vulgairement sous le nom de chaîne d'arpenteur; le *demi-mètre,* le *double-décimètre* et le *décimètre,* petites règles portant des divisions en centimètres et millimètres.

7. La longueur d'un degré du méridien terrestre est de 111 kilomètres et 111 mètres (10.000,000 de mètres, divisés par 90). Les mesures itinéraires, non légales, mais encore généralement mentionnées sur les cartes de géographie sous le nom de *lieue de poste* et de *lieue commune* ou *de 25 au degré,* valent : la lieue de poste 4 kilomètres (l'ancienne lieue de poste valait 3 kilom., 898) ; la lieue commune, 4 kilomètres, 444 mètres.

B

QUESTIONNAIRE.

Quelle est l'unité de longueur? 1.— Quels sont les multiples du mètre et quelle est leur valeur? 2. — Quels sont les sous-multiples du mètre et quelle est leur valeur? 3. — Tracez sur le tableau une ligne droite d'un décimètre de longueur, d'un centimètre ? 4. — Quel est l'usage particulier du mètre, de ses multiples et de ses sous-multiples? 5. — Quelles sont les mesures effectives de longueur? 6. — Que vaut en mesures métriques un degré du méridien ? Une lieue de poste ? Une lieue commune ? 7.

MESURES DE SURFACE.

1. On prend pour type des surfaces la surface d'un *carré*, c'est-à-dire d'une figure limitée par 4 côtés égaux formant entre eux 4 angles droits.

2. L'unité principale de surface est le *mètre carré*, c'est-à-dire un carré dont chaque côté a un mètre de longueur. C'est une unité purement nominale. Evidemment elle dérive du mètre.

Un *carré* est une figure qui a quatre côté égaux et quatre angles droits, comme on le voit dans la figure ci-jointe.

3. Le *mètre carré* vaut 100 décimètres carrés, le *décimètre carré* vaut 100 centimètres carrés, et le *centimètre carré* vaut 100 millimètres carrés.

4. On peut le démontrer d'une manière facile en traçant sur le tableau noir un carré dont chaque côté aura un mètre de longueur..........................

C D

1	2	3	4	5	6	7	8	9	10
2									
3									
4									
5									
6									
7									
8									
9									
10									

A B

Supposons que la ligne CD soit divisée en dix parties égales, et tirons de ces points de division des lignes qui tombent perpendiculairement sur AB. Le carré sera partagé en dix bandes verticales d'un mètre de longueur sur un décimètre de largeur.

Maintenant, si nous divisons à son tour la ligne CA en dix parties égales, les lignes horizontales menées de CA sur DB couperont chaque bande verticale en dix petits carrés; et comme il y a dix de ces bandes, nous concluons que le grand carré en contient cent petits, c'est-à-dire qu'un mètre carré vaut cent décimètres carrés.

Si nous supposons que chaque côté du grand carré est seulement d'un décimètre de longueur, nous aurons alors un décimètre carré. Représentons-nous par la pensée que ce décimètre carré est divisé en bandes horizontales et verticales, comme nous l'avons fait pour le mètre, et nous verrons que le décimètre carré doit valoir cent centimètres carrés. On pourrait suivre le même raisonnement pour démontrer que le centimètre carré vaut cent millimètres carrés.

5. En résumé, le décimètre carré est la centième partie du mètre carré; le centimètre carré, la dix-millième partie; le millimètre carré, la millionième partie du mètre carré.

6. *Remarque.* — Les élèves ne doivent pas confondre le *dixième*, le *centième* et le *millième* d'un mètre carré avec le *décimètre carré*, le *centimètre carré* et le *millimètre carré*. En effet, un mètre valant 100 *décimètres carrés*, le *dixième* d'un mètre carré vaudra 10 *décimètres carrés*, le *centième* d'un mètre carré vaudra 1 *décimètre carré*.

7. *Pour énoncer un nombre décimal de mètres carrés, en ayant égard aux multiples et aux sous-multiples du mètre carré, on le partage en tranches de deux chiffres à droite et à gauche de la virgule* (si les chiffres décimaux ne sont pas en nombre pair, on écrit un zéro à leur droite). *On énonce ensuite chaque tranche comme si elle était seule, en y joignant le nom de ses unités; la première*

tranche à gauche de la virgule représente des mètres carrés; la seconde, des décamètres carrés; la troisième, des hectomètres carrés et ainsi de suite; et la première tranche à droite de la virgule représente des décimètres carrés; la seconde, des centimètres carrés, et la troisième, des millimètres carrés.

Ainsi, le nombre 76834 m. carrés, 47625, s'énonce 7 hectomètres carrés, 68 décamètres carrés, 34 mètres carrés, 47 décimètres carrés, 62 centimètres carrés, 50 millimètres carrés.

8. On désigne sous le nom de *mesures agraires*, c'est-à-dire, spéciales pour les surfaces des terres cultivables: le *décamètre carré* que l'on nomme *are* et qui devient alors l'unité principale des mesures agraires (il vaut 100 mètres carrés); l'hectomètre carré (100 décamètres carrés ou 10000 mètres carrés) que l'on nomme alors *hectare*, parce qu'il vaut 100 ares; le mètre carré que l'on appelle alors *centiare*, parce qu'il est la centième partie de l'are.

9. Il n'y a aucune mesure effective de surface; toutes ces unités sont purement nominales. On les calcule en mesurant effectivement certaines longueurs.

10. On nomme *triangle une surface limitée par trois lignes se coupant deux à deux*. La surface d'un triangle se calcule en multipliant la longueur de sa base par celle de sa hauteur et en prenant la moitié du produit. On appelle *hauteur* la ligne perpendiculaire abaissée du sommet du triangle sur le côté opposé, qui est la base.

11. On nomme *rectangle une surface limitée par quatre lignes droites qui se coupent deux à deux à angle droit*. On calcule la surface d'un rectangle en multipliant la longueur d'un côté (base) par celle du côté voisin (hauteur) qui le coupe à angle droit.

12. On nomme *parallélogramme une surface terminée par quatre droites parallèles deux à deux*. La surface d'un parallélogramme se calcule en multipliant sa base par sa hauteur, perpendiculaire abaissée du côté parallèle à la base sur cette base elle-même.

13. On nomme *cercle la surface limitée par une ligne*

courbe dont tous les points sont à égale distance d'un point intérieur, nommé centre. La ligne qui joint le centre à un point de la courbe se nomme un *rayon.* On calcule la surface d'un cercle en multipliant le carré de la longueur du rayon par le nombre 3,1416.

QUESTIONNAIRE.

Qu'est-ce qu'un carré? 1. — Quelle est l'unité de surface? Comment le mètre carré dérive-t-il du mètre? 2. — Quelle est la valeur du mètre carré, du décimètre carré et du centimètre carré? 3. — Comment peut-on le démontrer? 4. — Qu'est-ce qu'un décimètre carré, un centimètre carré, un millimètre carré, par rapport au mètre carré? 5. — Quelle différence y a-t-il entre un dixième, un centième, un millième de mètre carré et un décimètre, un centimètre, un millimètre carré? 6. — Comment énonce-t-on un nombre décimal de mètres carrés? 7. — Quelle est l'unité des surfaces agraires? Quelle est la valeur de l'are? Combien l'are contient-il de mètres carrés? 8. — Quels sont les multiples? Quel est le sous-multiple de l'are? 8. — Y a-t-il des mesures effectives de surface? 9. — Comment calcule-t-on la surface d'un triangle? 10.— Celle d'un rectangle? 11.— Celle d'un parallélogramme? 12. — Celle d'un cercle? 13.

Exercices.

Énoncer les nombres suivants, en ayant égard aux multiples et aux sous-multiples du mètre carré :

717 m. car., 745	409 m. car., 174
2709 m. car., 6431	1507 m. car., 5091
17310 m. car., 00785	22765 m. car., 00987
9712 m. car., 70006	7409 m. car., 752
27918 m. car., 0000791	15906 m. car., 05

Ecrire en chiffres les nombres suivants :

Quatorze décamètres carrés, neuf mètres carrés, vingt-huit décimètres carrés.

Seize hectomètres carrés, douze décamètres carrés, dix-neuf mètres carrés, cinq décimètres carrés, trente-deux centimètres carrés, onze millimètres carrés.

Enoncer les nombres suivants, en ayant égard aux multiples et au sous-multiple de l'are :

2472 ares, 52	1743 ares, 42
47409 ares, 09	8562 ares, 37
276523 ares, 78	242765 ares, 09

Ecrire en chiffres les nombres suivants :

Deux cent trois hectares, vingt ares, quarante centiares.

Trois mille deux cents hectares, cinquante centiares.

MESURES DE VOLUME OU DE SOLIDITÉ.

1. On prend pour type des volumes le *cube;* c'est un solide limité par six faces qui sont des carrés égaux. Ce solide présente douze côtés ou arètes qui sont en même temps les côtés des carrés qui le limitent.

2. L'unité principale de solidité ou de volume est le *mètre cube;* c'est un cube dont tous les côtés ont un mètre de longueur. Il dérive évidemment du mètre.

3. Le *mètre cube* vaut 1000 décimètres cubes.

Le *décimètre cube* vaut 1000 centimètres cubes.

Le *centimètre cube* vaut 1000 millimètres cubes.

4. Pour concevoir qu'un mètre cube vaut 1000 décimètres cubes, supposons que nous ayons à notre disposition mille dés à jouer d'un décimètre dans tous les sens. Si nous plaçons *dix* de ces corps dans une seule rangée, et que nous mettions *dix rangées* semblables à côté l'une de l'autre, nous aurons formé un solide qui aura un mètre de largeur, un mètre de longueur, et un décimètre seulement d'épaisseur. Ce premier solide contient 100 décimètres cubes. Si nous lui superposons neuf autres solides, également de

100 décimètres cubes, nous aurons *dix* fois 100 décimètres cubes ou 1000 décimètres cubes. Le solide primitif obtiendra par là un mètre d'épaisseur, au lieu d'un décimètre qu'il avait auparavant; donc il sera un mètre cube, puisqu'il aura un mètre de largeur, un mètre de longueur et un mètre d'épaisseur. Mais pour arriver à ce résultat, nous avons employé les mille dés que nous avions. Donc le mètre cube vaut 1000 décimètres cubes.

On pourrait suivre le même raisonnement pour démontrer que le décimètre cube vaut 1000 centimètres cubes, et que le centimètre cube vaut 1000 millimètres cubes.

5. En résumé, le décimètre cube vaut la millième partie du mètre cube; le centimètre cube vaut la millionième partie du mètre cube; le millimètre cube vaut la billionième partie du mètre cube.

6. *Pour énoncer un nombre décimal de mètres cubes, en ayant égard aux sous-multiples du mètre cube, on le partage d'abord en tranches de trois chiffres à droite de la virgule; si la dernière tranche à droite n'a qu'un chiffre ou deux chiffres, on y ajoute deux zéros ou un zéro. On énonce la partie entière, et ensuite chaque tranche, comme si elle était seule, en y joignant le nom de ses unités; la première tranche à droite de la virgule représente des décimètres cubes, la seconde des centimètres cubes, et la troisième des millimètres cubes.*

Ainsi, le nombre vingt-cinq mètres cubes, 7451476 s'énonce 25 mètres cubes, 745 décimètres cubes, 147 centimètres cubes, 600 millimètres cubes.

7. L'unité principale de volume pour le bois de chauffage ou de construction est le mètre cube, que l'on nomme alors *stère*. Son seul multiple en usage est le *décastère*, qui vaut dix stères ou dix mètres cubes. Son seul sous-multiple est le *décistère*, qui est la dixième partie du stère ou du mètre cube.

8. *Remarque.* Les élèves ne doivent pas confondre le *décistère* avec le *décimètre cube :* le premier est la 10e partie du stère ou du mètre cube, tandis que le second en

est la 1000e partie ; d'où il faut conclure que le *décistère* vaut 100 *décimètres cubes.*

9. Les mesures de solidité sont toutes nominales. Cependant, pour mesurer le bois de chauffage, on emploie un appareil qui est une sorte de mètre cube effectif.

QUESTIONNAIRE.

Qu'est-ce qu'un cube? 1. — Quelle est l'unité de solidité ou de volume? 2. — Quelle est la valeur du mètre, du décimètre et du centimètre cubes? 3. — Comment le démontre-t-on? 4. — Qu'est-ce qu'un décimètre cube, un centimètre cube, un millimètre cube par rapport au mètre cube? 5. — Comment énonce-t-on un nombre décimal de mètres cubes? 6. — Quelle est l'unité de volume pour le bois de chauffage? Quel est son multiple ; son sous-multiple? 7. — Quelle différence y a-t-il entre un décistère et un décimètre cube? 8. — Y a-t-il des mesures effectives de solidité ? 9.

Exercices.

Enoncer les nombres suivants, en ayant égard aux sous-multiples du mètre cube :

32 m. cub., 248	4740 m. cub., 07
16 m. cub., 075	976 m. cub., 90
217 m. cub., 078459	4653 m. cub., 5746
498 m. cub., 9074	13 m. cub., 0090085
0 m. cub., 0010745	454 m. cub., 15

Ecrire en chiffres les nombres suivants :

Huit mètres cubes, deux cent neuf décimètres cubes, trente-cinq mètres cubes, soixante-quinze centimètres cubes, six cent deux décimètres cubes, treize centimètres cubes, cinquante-cinq millimètres cubes.

MESURES DE CAPACITÉ.

1. L'unité principale de capacité pour les liquides, les graines ou les poudres est le *litre;* c'est un vase dont la contenance vaut un *décimètre cube.*

On lui a donné une forme cylindrique qui est plus commode que la forme cubique.

Le litre dérive du mètre, puisque sa capacité intérieure vaut un *décimètre cube.*

2. Les multiples du litre sont :

Le *décalitre* qui vaut 10 litres ou 10 décimètres cubes;

L'*hectolitre*, qui vaut 100 litres ou 100 décimètres cubes;

Le *kilolitre,* qui vaut 1000 litres ou 1000 décimètres cubes ou 1 mètre cube.

3. Les sous-multiples du litre sont :

Le *décilitre*, dixième partie du litre, et valant, par conséquent, 100 centimètres cubes.

Le *centilitre*, centième partie du litre, et valant 10 centimètres cubes.

4. Les mesures effectives de cappcité sont nombreuses. On ne leur a pas donné la forme peu commode d'un cube, mais celle d'un cylindre. On en peut distinguer trois séries : 1° les mesures destinées aux boissons, qui sont faites d'un alliage de plomb et d'étain, et qui ont une hauteur double de leur diamètre; 2° les mesures destinées aux grains et poudres, qui sont en bois cerclé de fer; 3° les mesures destinées au lait et à la vente au détail des huiles, et qui sont en fer-blanc. Les unes et les autres ont une hauteur égale à leur diamètre. Dans le tableau suivant, on n'a donné que les hauteurs; car il est clair que, pour les mesures destinées aux boissons et faites en étain, il suffira de prendre la moitié de la hauteur pour connaître le diamètre; pour les autres la hauteur et le diamètre sont égaux.

Hauteurs légales des mesures de capacité, prises dans l'intérieur du vase.

	MESURES	
	EN ALLIAGE d'étain.	EN BOIS ou en fer-blanc.
	millim.	millim.
Hectolitre	»	503,1
Demi-hectolitre	»	399,3
Double décalitre	»	294,2
Décalitre	»	233,5
Demi-décalitre	»	185,3
Double litre	216,8	136,6
Litre	172,0	108,4
Demi litre	136,6	86,0
Double décilitre	100,6	63,4
Décilitre	79,8	50,3
Demi-décilitre	63,4	39,9
Double centilitre	46,8	29,5
Centilitre	37,0	23,4

QUESTIONNAIRE.

Quelle est l'unité principale de capacité? Quelle est la valeur du litre? 1. — Quels sont les multiples du litre? 2. — Quels sont les sous-multiples du litre? 3. — Donnez-nous les hauteurs des mesures pour les liquides? Donnez-nous les hauteurs des mesures pour les grains? 4.

MESURE DE POIDS.

1. L'unité principale de poids est le *gramme*.

2. *Le gramme est le poids, dans le vide*, d'un *centimètre cube* d'eau distillée prise à la température de 4 degrés au-dessus de zéro du thermomètre centigrade; température où un volume déterminé d'eau pèse le plus qu'il puisse peser.

Le gramme dérive du mètre, puisque c'est le poids d'un centimètre cube d'eau.

3. Les multiples du gramme sont :

Le *décagramme*, qui vaut 10 grammes, et pèse autant que 10 centimètres cubes ou 1 centilitre d'eau distillée ;

L'*hectogramme*, qui vaut 100 grammes, et pèse autant que 100 centimètres cubes ou 1 décilitre d'eau distillée;

Le *kilogramme*, qui vaut 1000 grammes, et pèse autant que 1000 centimètres cubes ou 1 décimètre cube ou encore 1 litre d'eau ;

4. Les sous-multiples du gramme sont :

Le *décigramme*, dixième partie du gramme, qui pèse autant que la dixième partie d'un centimètre cube ou 100 millimètres cubes d'eau distillée ;

Le *centigramme*, centième partie du gramme, poids de 10 millimètres cubes d'eau ;

Le *milligramme*, millième partie du gramme, poids de 1 millimètre cube d'eau.

5. On appelle *quintal métrique* un poids de 100 kilogrammes, et *tonne métrique* un poids de 1000 kilogrammes, ou de 1 mètre cube d'eau.

6. Les mesures effectives de poids forment 4 séries :

1° Série des gros poids; ils sont en fonte de fer, munis d'un anneau en dessus et en forme de tronc de pyramide hexagonale; cette série comprend habituellement les poids de : 20 kilog., 10 kilog., 5 kilog., 2 kilog., 1 kilog., 1 demi-kilog., 1 double hectog., 1 hectog., 1 demi hectog.

2° Série des poids moyens; ils sont en cuivre jaune (ou laiton) et de forme cylindrique, avec un bouton en dessus; cette série comprend communément les poids de 5 kilog., 2 kil., 1 kilog., 1 demi-kilog., 1 double hectog., 1 hectog., 1 demi hectog., 1 double décag., 1 décag., 1 demi-décag., 1 double gramme, 1 gramme.

3° Série des poids en godets ; ils sont aussi en cuivre jaune et en forme de godets ; ils se placent les uns dans les autres, de façon que le plus grand, muni d'un couvercle, renferme tous les autres ; cette série va du demikilogr. au gramme et est composée comme cette même portion de la précédente;

4° Série des poids en lames; ce sont de petites lames carrées de cuivre, d'argent ou de platine; cette série comprend les poids de : 5 décigr., 2 décigr., 1 décigr., 5 centigr., 2 centigr., 1 centigr., 5 milligr., 2 milligr., 1 milligr.

Les autres mesures de poids ne sont que nominales.

QUESTIONNAIRE.

Quelle est l'unité principale de poids? 1. — A quoi est égal le poids du gramme? 2. — Quels sont les multiples du gramme ? 3. — Quels sont ses sous-multiples? 4. — Qu'appelle-t-on quintal métrique et tonne métrique? 5.— Quel est le poids d'un litre, d'un mètre cube d'eau, etc.? 3 et 5. — Quelles sont les diverses séries de poids effectifs? 6.

DES MONNAIES.

1. L'unité principale des monnaies est le *franc.*

2. Le franc, tel que la loi organique du 7 germinal an III l'a défini, est une pièce d'argent pesant 5 grammes, contenant les 9 dixièmes de son poids d'argent pur et un dixième de cuivre, ayant la forme d'un disque circulaire de 23 millimètres de diamètre et de 1 millim. d'épaisseur. Cette pièce porte des empreintes qui sont les signes de l'autorité publique.

Le cuivre sert à donner plus de dureté au métal, qui, sans cet alliage, serait mou et ductile comme le plomb et l'étain.

Le franc dérive du mètre, puisque, pesant 5 grammes, il dérive du gramme, et que le gramme dérive du mètre.

3. Les sous-multiples décimaux du franc sont

Le *décime* ou dixième partie du franc;

Le *centime* ou centième de franc.

Le franc vaut 10 décimes ou 100 centimes; le décime vaut 10 centimes.

On n'a créé aucun multiple du franc.

4. La composition du métal qui forme les pièces de monnaie a une importance capitale pour leur valeur. La loi l'a donc fixée d'une façon absolue. Elle admet des pièces d'argent et d'or, et en outre des pièces de bronze pour les valeurs très-faibles.

5. On nomme *titre* des monnaies d'or ou d'argent le *rapport du poids du métal précieux que contient une pièce de monnaie, au poids total de cette pièce.* Ce rapport s'obtient en divisant le poids du métal précieux que contient la pièce par le poids de la pièce elle-même. Il est exprimé par une fraction telle que 0,9 ou 0,900, par exemple. En multipliant par cette fraction le poids d'une pièce fabriquée à ce titre, on a le poids du métal précieux qu'elle renferme.

6. Les monnaies d'argent sont les pièces de :

5 francs,	pesant	25 grammes,	diamètre	37 millimètres.		
2	—	10	—	27	—	
1	—	5	—	23	—	
50 c.	—	2,5	—	18	—	
20 c.	—	1	—	15	—	

La pièce de 5 fr. est seule demeurée au titre primitif de 0,900.

Les pièces de 2 fr., 1 fr , 50 cent., 20 cent. ont été ramenées, par une loi de 1865, au titre inférieur de 0,835 d'argent pour 0,165 de cuivre.

Cette modification partielle ne change pas la valeur légale du franc, mais les quatre pièces ci dessus nommées valent rigoureusement un peu moins que leur valeur nominale. Pour éviter le tort que pourrait éprouver une personne qui en recevrait en même temps un grand nombre, la loi autorise le créancier à ne pas recevoir de son débiteur, dans un même paiement, plus de 50 francs en pièces de 2 fr., 1 fr., 50 cent. ou 20 cent.

7. Les monnaies d'or contiennent les 9 dixièmes de leur poids d'or pur et un dixième de cuivre ; ce sont les pièces de :

5 fr.,	pesant	1 gramme	6129,	diamètre	17 millim.
10	—	3 grammes	2258	—	19 —
20	—	6 —	45161	—	21 —
50	—	16 —	129	—	28 —
100	—	32 —	258	—	35 —

8. La loi arrête que, à poids égal, l'or vaut 15 fois et demie autant que l'argent, ou, à valeur égale, pèse 15 fois et demie moins.

9. Les monnaies de bronze sont composées de 0,95 de cuivre, 0,04 d'étain et 0,01 de zinc. Ce sont les pièces de :

1 centime,	pesant	1 gramme,	diamètre	15 millim.
2 centimes,	—	2 grammes,	—	20 —
5 —	—	5 —	—	25 —
10 —	—	10 —	—	30 —

10. Les pièces de bronze ont une valeur réelle inférieure à leur valeur nominale ; mais le créancier n'est pas obligé d'en recevoir de son débiteur, dans un même paiement, pour une somme supérieure à 5 francs.

La valeur nominale des pièces de bronze est, à poids égal, 20 fois seulement plus faible que la valeur des monnaies d'argent. A valeur nominale égale, la monnaie de bronze pèse 20 fois plus que celle d'argent.

11. Par suite d'une convention conclue entre la France, la Suisse, la Belgique, l'Italie, la Grèce et les Etats Pontificaux, les monnaies de ces six Etats sont fabriquées au même titre et d'après le même système. Aussi les monnaies suisses, belges, italiennes, grecques et pontificales ont cours en France comme les monnaies françaises.

QUESTIONNAIRE.

Quelle est l'unité principale des monnaies? 1. — Qu'est-ce que le franc? Comment se rattache-t-il au mètre? 2. — Quels sont les sous-multiples du franc? 3. — Quelles sortes de pièces de monnaie sont en circulation? 4. — Qu'appelle-t-on titre des monnaies d'argent ou d'or? 5. — Quelles sont les monnaies d'argent; leur titre, leur poids, leur diamètre? 6. — Quelles sont les monnaies d'or; leur titre, leur poids, leur diamètre? 7.— Quelle est, à poids égal, la valeur relative de l'or et de l'argent? 8. — Quelles sont les monnaies de bronze; leur composition, leur poids, leur diamètre? 9. — Quelle est la valeur relative de la monnaie de bronze et de la monnaie d'argent? 10.— Quelles sont les monnaies étrangères conformes aux nôtres? 11.

Problèmes sur les monnaies.

1. Quelle est la somme qui en monnaie d'argent pèse 125 grammes?

2. Quel est le poids de 150 francs en pièces d'or?

3. L'or pesant à valeur égale 15 fois 1/2 moins que l'argent, combien doit peser la pièce de 20 francs?

4. Combien y a-t-il d'argent pur dans 15 francs en pièces de 1 fr.

5. Quel poids d'or pur renferment 100 francs en monnaie d'or?

6. Quel poids de cuivre contient une somme de mille francs en pièces d'argent de 5 francs?

7. Combien faut-il d'or pur et de cuivre pour fabriquer 1 million de francs?

8. Si l'on payait mille francs en pièces de 1 fr. à une personne et à une autre mille francs en pièces de 20 fr; combien la seconde recevrait-elle réellement de plus que la première, comme valeur de métaux précieux?

APPENDICE

DE LA MESURE DU TEMPS.

Bien que les mesures du temps soient restées en dehors du système des mesures fixées par la loi, l'importance de ce genre de mesures justifie l'adjonction que nous faisons ici.

Le temps est mesuré nécessairement par la durée du jour et de la nuit.

On nomme *jour* le temps qui s'écoule de l'heure de minuit à la plus prochaine heure de minuit d'horloge. C'est le temps que met la terre à faire un tour complet autour de son axe.

Le jour se subdivise en 24 heures.

L'heure se subdivise en 60 *minutes*. Donc un jour renferme 1440 (24 × 60) minutes.

La minute se subdivise en 60 *secondes*. Donc un jour renferme 86400 secondes; 1 heure renferme 3600 secondes.

Une durée de 365 jours, 5 heures, 48 minutes et 49 secondes, 8 se nomme un *an* ou une *année*. C'est le temps que met la terre à faire un tour complet autour du soleil. L'année se partage en douze mois, dont 1 (février) de 28 jours (29 tous les 4 ans); 4 (avril, juin, septembre, novembre) de 30 jours; 7 (janvier, mars, mai, juillet, août, octobre, décembre) de 31 jours. L'année commence le 1er janvier.

Une durée de 7 jours: *dimanche, lundi, mardi, mercredi, jeudi, vendredi, samedi*, se nomme une semaine. L'année contient 52 semaines et 1 jour (tous les 4 ans, 52 semaines et 2 jours).

On nomme *siècle* une durée de 100 ans. Le 1er siècle a commencé le 1er janvier 1 et a fini le 31 décembre 100. Le 18e siècle a commencé le 1er janvier 1701 et a fini le 31 décembre 1800. Le 19e siècle a commencé le 1er janvier 1801 et finira le 31 décembre 1900 à minuit.

TABLE DES MATIÈRES

SYSTÈME MÉTRIQUE.

FIN DE LA TABLE.

861. — Imprimé par Ch. Noblet, rue Soufflot, 18.

5836. — Paris. Imp. de Ch. Noblet, 13, rue Cujas. — 1878.

www.ingramcontent.com/pod-product-compliance
Ingram Content Group UK Ltd.
Pitfield, Milton Keynes, MK11 3LW, UK
UKHW012205240726
13966UKWH00002B/599